基于深度学习的视频车道线检测技术

Video Lane Detection Technology Based on Deep Learning

时培成 著

化学工业出版社
·北京·

内容简介

在当今的自动驾驶和智能交通系统领域，视频车道线检测技术扮演着至关重要的角色。本书将带您深入探索这一领域，揭示如何使用深度学习技术来实现精确、鲁棒和实时的车道线检测。

本书全面系统地介绍了基于深度学习的视频车道线检测技术，包括基于深度学习的车道线检测理论基础、基于Swin Transformer的车道线检测技术、基于深度混合网络的连续多帧驾驶场景的鲁棒车道线检测技术、基于深度学习的视频车道线检测技术、基于MMA-Net的轻量级视频实例车道线检测技术、基于记忆模板的多帧实例车道线检测技术、未来展望与发展趋势等。

本书可供从事自动驾驶、交通工程、计算机视觉、深度学习等方面的技术人员参考，亦可供高等院校相关专业师生参考使用。

图书在版编目（CIP）数据

基于深度学习的视频车道线检测技术/时培成著
.—北京：化学工业出版社，2024.6
ISBN 978-7-122-45207-8

Ⅰ.①基… Ⅱ.①时… Ⅲ.①视频-图像处理-应用
-运动目标检测-研究 Ⅳ.①TP72

中国国家版本馆CIP数据核字（2024）第051496号

责任编辑：张海丽　　文字编辑：袁　宁
责任校对：边　涛　　装帧设计：王晓宇

出版发行：化学工业出版社
（北京市东城区青年湖南街13号　邮政编码100011）
印　　装：涿州市般润文化传播有限公司
710mm×1000mm　1/16　印张12³/₄　字数207千字
2024年6月北京第1版第1次印刷

购书咨询：010-64518888　　售后服务：010-4518899
网　　址：http://www.cip.com.cn
凡购买本书，如有缺损质量问题，本社销售中心负责调换。

定　　价：128.00元

前言

PREFACE

伴随信息技术的快速发展，交通系统正经历着前所未有的变革。智能交通系统、自动驾驶技术和智能交通管理正在逐渐改变着我们的出行方式和道路安全。在这个演变的过程中，深度学习技术占据了一个举足轻重的位置，尤其是在视频车道线检测领域。

本书将带您踏上一场深度学习之旅，探索视频车道线检测技术的最新进展和应用，深入了解这个领域的挑战、机会和突破，以及深度学习如何在这个领域发挥关键作用。

1. 领略深度学习的魔力

深度学习，作为机器学习领域的一支强大力量，引领了众多科技领域的变革，从图像识别到自然语言处理，再到自动驾驶技术。它模仿了人脑神经网络的工作原理，通过多层次的神经元连接来学习和理解复杂的数据模式。

在视频车道线检测中，深度学习技术能够敏锐地感知道路，准确地定位车辆，提高驾驶的安全性，这不仅仅是技术的进步，更是我们向未来智能交通迈出的坚实一步。

2. 车道线检测的重要性

车道线是道路的基本组成部分，它们不仅规定了车辆行驶的轨迹，还提供了驾驶员关于道路结构和方向的重要信息。因此，准确地检测和跟踪车道线，对于道路安全和自动驾驶至关重要。

深度学习技术在车道线检测中的应用，不仅可以提高检测的准确性，还能够适应各种复杂的道路条件，包括光照变化、恶劣天气以及道路标志的多样性。这能帮助无人车更好地应对现实世界中复杂多变的道路环境。

3. 本书的目标

本书的目标是为读者提供一个全面、深入了解基于深度学习的视频车道线检测技术的视角和方法。本书从基础概念开始，逐步深入研究模型、数据集、训练策略和实际应用，展开介绍了多种深度学习模型，包括卷积神经网络（CNN）、Swin Transformer以及它们的变种和组合。

不仅如此，本书还探讨了该领域的前沿研究，如多模态感知、不确定性建模、端到端自动驾驶系统等。这些内容将有助于读者更好地理解车道线检测技术的发展趋势和未来应用。

4．本书的结构

本书分为8个章节，每章都深入探讨了视频车道线检测技术的不同方面，具体章节安排如下：

第1章：绪论。本章介绍了本书的研究背景及意义，并概述了深度学习在视频车道线检测中的研究现状。

第2章：基于深度学习的车道线检测理论基础。本章介绍了车道线检测常用的数据集、数据预处理方法及性能评估。

第3章：基于Swin Transformer的车道线检测技术。本章介绍了构建车道线检测的系统概念、网络设计方法、训练策略及实验结果和分析。

第4章：基于深度混合网络的连续多帧驾驶场景的鲁棒车道线检测技术。本章介绍了构建和使用车道线检测数据集的方法、训练深度学习模型的策略及实验结果和分析。

第5章：基于深度学习的视频车道线检测技术。本章介绍了经典VOS模型和改进的VOS模型的概念和原理，并分析它们在帧间演化方面的优缺点。

第6章：基于MMA-Net的轻量级视频实例车道线检测技术。本章介绍了FMMA-Net网络框架的原理和设计思想、记忆帧编码器设计和查询帧编码器设计、网络的损失函数及实验结果与分析。

第7章：基于记忆模板的多帧实例车道线检测技术。本章介绍了基于记忆模板的多帧实例车道线检测的网络整体结构、记忆模板的工作原理、记忆模板的结构设计、模板匹配与时空记忆中的固有误差、多目标转移矩阵损失函数、实验准备以及实验结果和分析。

第8章：未来展望与发展趋势。本章展望了视频车道线检测技术的未来发展方向和潜力应用。

本书由时培成撰写，刘志强、张程辉和杜宇风参与了本书的资料整理工作，在此表示感谢。此外，还要感谢张荣芸、周定华、海滨、王文冲、梁涛年等人，他们不仅为本书提供了相关数据和统计信息，还在讨论和反馈中提供了宝贵的见解。

最后，向所有的读者表示感谢。正是你们的关注和支持，激励我们不断改进，使这本书更好地服务于社会。由于水平有限，书中难免存在不足之处，诚挚地期待读者的指正和建议，帮助我们不断进步。

谨以此书献给所有参与和关心本书的人，愿我们共同追求进步，推动视频车道线检测技术的发展。

著者

2023年12月

目录

CONTENTS

第1章 绪论 001

1.1 研究背景及意义 002

1.1.1 研究背景 002

1.1.2 研究意义 003

1.2 国内外研究现状 005

1.2.1 基于图像处理的车道线检测技术 007

1.2.2 基于 CNN 的车道线检测技术 008

1.3 本书结构概览 013

第2章 基于深度学习的车道线检测理论基础 015

2.1 卷积神经网络 016

2.1.1 卷积层 016

2.1.2 池化层 017

2.1.3 激活函数 017

2.1.4 全连接层 018

2.1.5 批量归一化层 019

2.1.6 损失函数 019

2.2 卷积神经网络的应用 020

2.2.1 目标检测 021

2.2.2 图像分割 021

2.3 车道线检测 023

2.3.1 基于传统方法的车道线检测 023

2.3.2 基于深度学习的车道线检测 024

2.4 数据集 ---------- 027
2.4.1 交通场景数据集 ---------- 028
2.4.2 车道线检测数据集 ---------- 032
2.4.3 数据集总结 ---------- 036
2.5 数据预处理 ---------- 038
2.6 性能评估 ---------- 039
本章小结 ---------- 040

第 3 章 基于 Swin Transformer 的车道线检测技术 ---------- 041

3.1 系统概述 ---------- 042
3.2 网络设计 ---------- 044
3.2.1 车道边缘建议网络 ---------- 044
3.2.2 车道线定位网络 ---------- 048
3.3 训练策略 ---------- 049
3.3.1 车道边缘建议网络 ---------- 049
3.3.2 车道线定位网络 ---------- 050
3.4 实验和结果 ---------- 052
3.4.1 数据集 ---------- 052
3.4.2 超参数设置和硬件环境 ---------- 053
3.4.3 性能评估 ---------- 053
3.4.4 测试结果可视化 ---------- 057
本章小结 ---------- 065

第 4 章 基于深度混合网络的连续多帧驾驶场景的鲁棒车道线检测技术 ---------- 067

4.1 系统概述 ---------- 068
4.2 网络设计 ---------- 069
4.2.1 优化的 MAE 网络 ---------- 069
4.2.2 掩码技术 ---------- 070

4.2.3 基于 MAE 架构的编解码器网络 070
4.3 训练策略 077
4.4 实验和结果 078
4.4.1 数据集 078
4.4.2 超参数设置和硬件环境 080
4.4.3 实验评估和比较 080
4.4.4 消融实验 094
4.4.5 结果与讨论 095
本章小结 096

第 5 章 基于深度学习的视频车道线检测技术 097

5.1 时空记忆网络 098
5.1.1 Key 与 Value 空间的嵌入张量 098
5.1.2 STM 网络结构 099
5.2 多级记忆聚合模块 101
5.3 Siamese 网络 104
5.3.1 深度相似性学习 104
5.3.2 全卷积暹罗网络 105
5.4 自适应模板匹配 106
5.4.1 目标的嵌入向量 106
5.4.2 自适应模板匹配与更新 107
本章小结 110

第 6 章 基于 MMA-Net 的轻量级视频实例车道线检测技术 111

6.1 FMMA-Net 网络结构 112
6.2 记忆帧编码器设计 112
6.2.1 ResNet-18-FA 网络结构 115
6.2.2 融合与注意力模块 115
6.3 查询帧编码器设计 118
6.3.1 STDC 网络结构与分析 119

6.3.2 G-STDC 网络结构 123
6.3.3 全局上下文模块 124
6.4 网络的损失函数 125
6.4.1 实例车道线存在预测损失函数 125
6.4.2 实例车道线的 mIoU 损失函数 125
6.4.3 总损失函数 126
6.5 实验结果与分析 126
6.5.1 VIL-100 数据集 126
6.5.2 图像级评价标准 128
6.5.3 实验环境搭建与训练 130
6.5.4 定量实验结果与分析 130
6.5.5 定性实验结果与分析 131
6.5.6 融合与注意力模块的有效性 131
6.5.7 全局上下文模块的有效性 133
本章小结 136
第 7 章 基于记忆模板的多帧实例车道线检测技术 137
7.1 网络整体结构 138
7.2 记忆模板的工作原理 138
7.3 记忆模板的结构设计 141
7.3.1 全局动态特征 141
7.3.2 局部动态特征 142
7.4 模板匹配与时空记忆中的固有误差 145
7.4.1 模板匹配中的固有误差分析 145
7.4.2 时空记忆中的固有误差分析 146
7.4.3 记忆固有误差传播 146
7.5 多目标转移矩阵损失函数 149
7.6 实验准备 151
7.6.1 TuSimple 数据集 151
7.6.2 CULane 数据集 152
7.6.3 视频级车道线评价标准 152
7.6.4 实验环境搭建 154

7.6.5 训练结果 155

7.7 消融实验结果与分析 156

7.7.1 记忆的有效性 157

7.7.2 融合与注意力模块的有效性 158

7.7.3 记忆模板的有效性 158

7.7.4 多目标转移矩阵的有效性 159

7.8 对比实验结果与分析 161

7.8.1 在 VIL-100 中定量分析与对比 161

7.8.2 在 VIL-100 中定性分析与对比 162

7.8.3 在 TuSimple 中进行定量与定性分析与对比 164

7.8.4 在 CULane 中进行定量与定性分析与对比 165

7.9 实车实验 168

7.9.1 实验装置介绍 168

7.9.2 相机标定模型搭建 170

7.9.3 相机标定实验 172

7.9.4 实时视频检测 174

本章小结 178

第 8 章 未来展望与发展趋势 179

8.1 深度学习技术的进一步应用 180

8.2 智能交通系统的发展前景 181

8.3 车道线检测技术的创新方向 182

参考文献 183

第1章

绪论

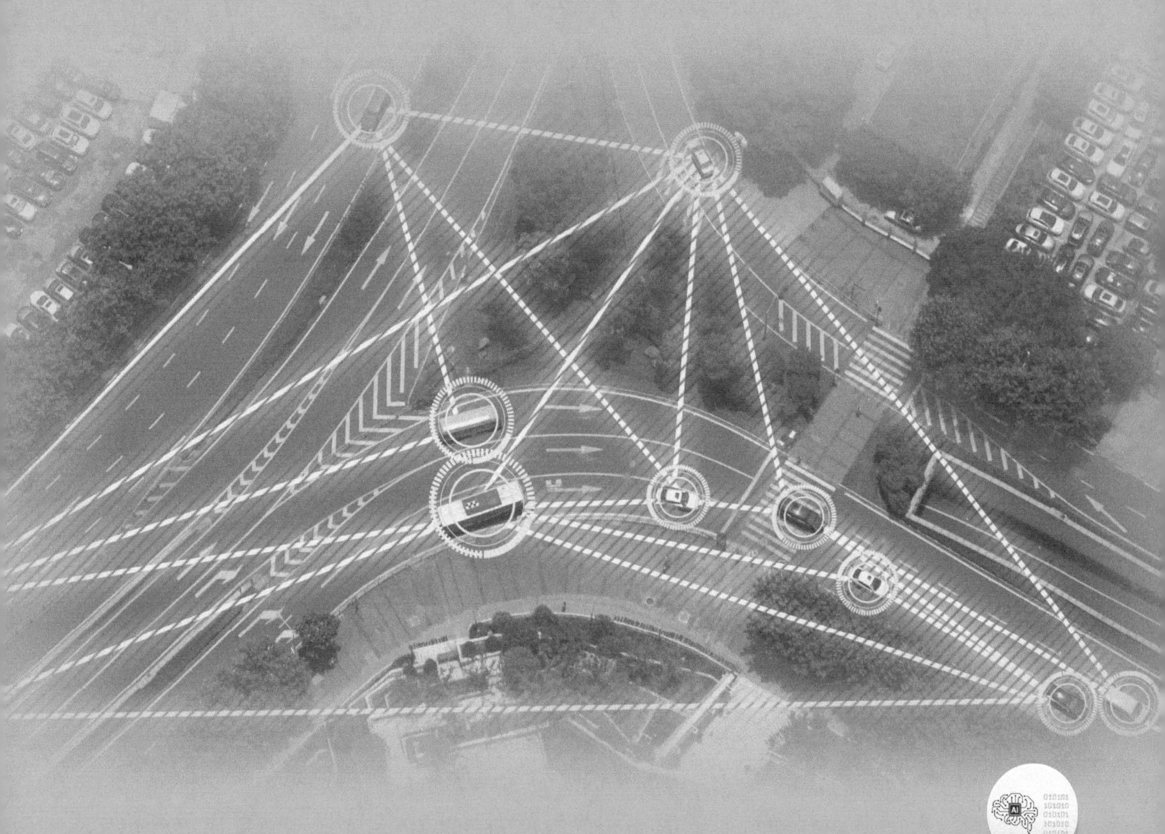

1.1 研究背景及意义

1.1.1 研究背景

自21世纪以来，在经济全球化的影响下，我国的经济迅猛增长，成为世界第二大经济体。我国不仅是最大的贸易出口国之一，同样也是消费大国。汽车作为人们出行的重要工具，购买汽车的单位逐渐从家庭转向个人，对车辆的需求在与日俱增。据公安部统计，截至2023年底，全国机动车保有量达4.35亿辆，其中汽车3.36亿辆，新能源汽车2041万辆。但过多的车辆带来的不仅仅是道路拥堵等问题，由于不规范的驾驶行为导致的车祸概率也在上升。世界卫生组织发布的全球交通事故死亡调查数据显示，近十年来全球每年约有125万人死于交通事故，车道偏离引起的事故在总事故中占有较大比重。美国国家公路交通安全管理局的数据显示，2018年美国道路偏离事故共造成8257人死亡，占所有交通事故死亡人数的28%。这些交通事故消耗大量的社会资源，阻碍社会进步，从理论上而言，人类的危险驾驶行为都是可以通过自动驾驶技术完全避免的。图1-1所示为自动驾驶概念图。

图1-1 自动驾驶概念图

如何提高驾驶的安全性，一直以来是企业和学者关注的问题。百度Apollo通过自动驾驶车队的实地测试，不断完善其自动驾驶技术，并推出一系列自动驾驶产品，如Apollo Lite、Apollo HD Map、Apollo Pilot等。Momenta则聚焦算法研究，在机器视觉、深度学习、高精度定位等领域进行探索，提高自动驾驶汽车的感知和决策能力。2020年11月，阿里巴巴在杭州推出了自主研发的自动驾驶配送车，该车配备高精度地图、激光雷达、摄像头等多种传感器，可在道路上识别道路标识和交通信号灯，实现城市内的自动驾驶和配送。图1-2所示为无人小车配送图。由此可见，自动驾驶技术的发展与落地将会彻底改变人们的生活，实现社会的快速进步。

图1-2 无人小车配送图

在自动驾驶车辆中，车道线检测技术首先用于帮助车辆自主识别道路的行驶方向，从而保证车辆在道路上的安全行驶。其次，车道线检测技术能够实时监测车辆的行驶状态，并对车辆的行驶方向进行调整。最后，车道线检测技术可以通过多种传感器的数据融合来提高车辆对复杂道路环境的识别能力，从而保证车辆在复杂道路环境中的安全行驶。因此，先进的车道线检测技术是保证自动驾驶汽车安全行驶的基石。如图1-3所示为车道线检测在自动驾驶中的应用示意图。

图1-3 车道线检测在自动驾驶中的应用示意图

1.1.2 研究意义

目前，工业界配置的高级驾驶辅助系统（ADAS）处于L2阶段，ADAS传感器布置如图1-4所示。其中，车道保持系统（LKAS）、车道偏离预警系统（LDWS）与车道线检测技术有直接关系，车辆需要通过各种传感器，来获取准确的车道线坐标，并将车道线的相对位置转换到车辆坐标系下，用于车辆对车道线的距离以及位置进行判断。当车辆偏离车道时，若驾驶员未进行变道操作，LDWS会发出警报提醒驾驶员车辆目前的行驶状态。驾驶员可主动开启LKAS模式，在规定的车道内行驶，超出则会由执行机构进行方向矫正。车道线检测可以用来规范车辆的行驶行为，降低司机在疲劳或者分神情况下，车辆不自觉偏移而带来的危害，同时提高人们的驾驶舒适度。

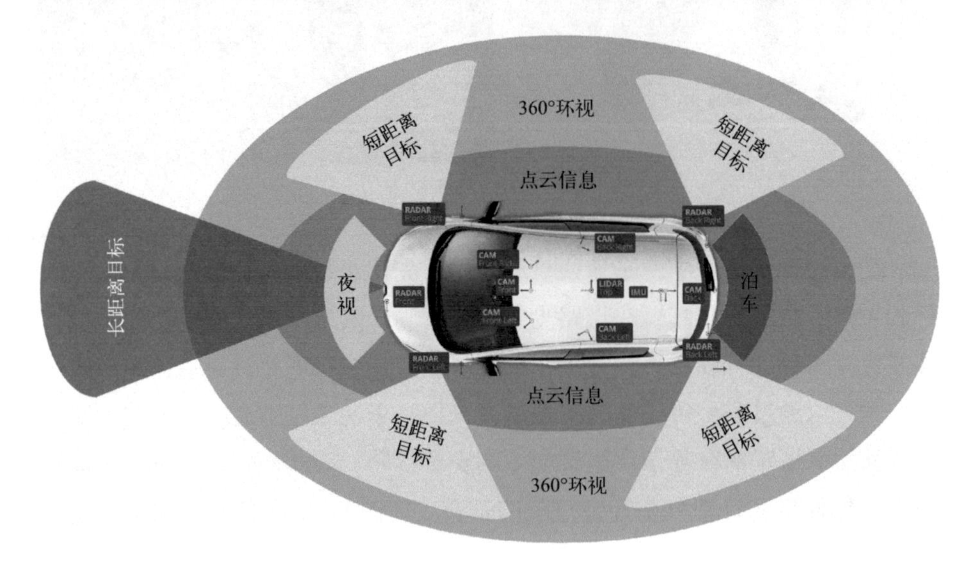

图1-4　ADAS工作示意图

在人迹罕至的大型矿区，矿车行驶的道路崎岖陡峭，运输过程危险，导致司机紧缺。使用自动驾驶运输技术，可以解决这一问题。目前，在5G的车路协同、端边云协同、单车智能的共同作用下，可实现无人化矿车自动作业。其中，单车智能需要矿车对周围作业环境进行准确的判断，尤其是在爬坡、下坡等危险情况中，需要获取准确的道路边缘信息，来对车辆进行控制。如图1-5所示，矿山道路中没有明确的车道线标记，且道路易受天气等因素影响，需要在恶劣的驾驶环境中检测出模糊的车道边缘。

AR导航系统是一种基于增强现实技术的导航系统，能够将虚拟信息叠加到现实世界中，为驾驶员提供更加直观、准确的导航指引。车道线检测在AR导航系统中扮演着非常重要的角色，它能够通过车载摄像头等传感器实时监测车道线，然后通过AR技术在驾驶员的视野范围内呈现出来，从而提高驾驶的安全性。具体而言，车道线检测技术可以通过识别不同颜色、形状、大小等特征来判断不同的车道线。在驾驶员需要变道时，AR导航系统

图1-5 无人矿车工作环境

可以在驾驶员的视野范围内显示出当前车道和目标车道之间的车道线，从而帮助驾驶员更加精准地掌握车辆行驶的方向和位置，避免交通事故的发生。如图1-6所示，AR导航系统一般采用的车道线策略是常驻显示，即无论什么情况下，都需要显示当前道路车道线。

图1-6 AR导航系统示意图

1.2 国内外研究现状

车道线检测技术最早可以追溯到20世纪80年代初期，由美国麻省理工学院的Erns教授首次提出，他在1987年发表了一篇名为“自主机动车的视觉感知”的论文，其中提到了使用计算机视觉技术进行车道线检测的方法。该论文奠定了车道线检测技术的基础，在此之后的车道线检测研究大多依赖于高度专业化的、手工制作的特征来识别车道段。虽然该方法在简单场景下取得较高的速度与精度，但在复杂交通场景中难以建模，如图1-7所示，导致鲁棒性较差。

图1-7　复杂交通场景示意图

深度学习的快速发展，尤其是其在图像处理方面展现出的巨大的优势，使得车道线检测研究在复杂交通场景中取得重大的突破。在21世纪初，DARPA自动驾驶挑战赛是自动驾驶技术领域的里程碑事件之一，旨在推动自动驾驶技术的发展。Mobileye、Tesla、Waymo等公司率先推出基于深度学习的ADAS系统，推动深度学习在工业界的落地。尤其是各种具有挑战性的数据集的出现，推动了基于深度学习的车道线检测方法的快速发展，本节将从两个大的方向讨论现阶段国内外先进的车道线检测方法，如图1-8所示。

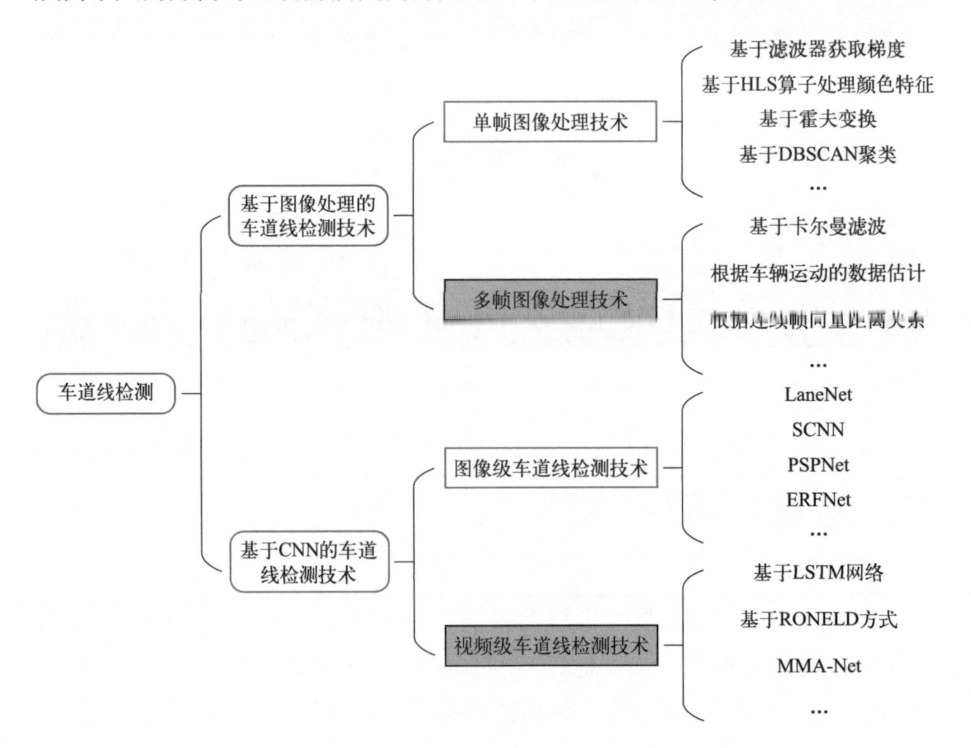

图1-8　车道线检测方法综述

1.2.1 基于图像处理的车道线检测技术

McCall等人使用一个导向滤波器对图像的X和Y方向进行卷积，将滤波器调整到特定的车道线角度，利用道路的运动矢量、边缘和纹理来创建车道线位置的估计。最后，根据车辆的数据，随着时间的推移，对估算值进行细化。Kim等人利用滤波器提取车道线特征，利用车道线坐标点、车道线角度和车道线强度构造特征向量。根据连续帧的向量距离关系判断是否为同一车道线，然后使用平均滤波器去除道路噪声。Wang等人通过缩小消失点来提取车道边界和仅在同一直线上移动的标志，并利用高斯和粒子滤波对车道线进行跟踪。上述基于滤波方式的车道线跟踪虽然在一定程度上能够减少图像噪声的影响，但对于不同的路况和车速需要重新调整参数，在一些特殊情况下，如雨天、夜间等，环境噪声会更加明显，降低了跟踪的鲁棒性。

为提高跟踪的鲁棒性，Lee等人提出一种具有感兴趣区域（ROI）的车道线检测算法，该算法能够在较短的时间内处理高噪声水平和响应，并采用卡尔曼滤波器和线性运动的最小二乘近似法进行车道线跟踪。这种方法极大提高了模型在跟踪上的稳定性，但在复杂的交通场景中，车道线很可能与其他线条、文字等干扰物重叠，这时候基于ROI的车道线检测算法就很难正确识别车道线。为获取更加鲁棒的车道线特征，朱等人使用基于平行坐标系的映射将原始图像转换到参数空间，完成点到线、线到点的映射，以快速提取车道线消失点，并根据消失点位置扫描实际车道线，但这种方法在处理光照和颜色等方面表现较差。Haque等人在处理车道线的干扰方面，提出一种能有效地识别光滑路面上的车道线的系统，该系统应用梯度法和HLS阈值法来识别二值图像中的车道线，在不同亮度下获得较好的结果。同样地，Niu等人为提高车道线在不同光线和背景干扰下的鲁棒性，利用改进霍夫变换提取车道线轮廓的小线段，然后利用DBSCAN聚类算法将其划分为聚类，最后通过曲线拟合来识别车道线。

在传统的检测方法中，大部分方法在特定的场景下可以获得较好的结果，如图1-9所示。但在实际路况中局限性很大，例如在强光、阴影等特殊光照条件下，车道线的亮度和颜色可能会发生变化，从而导致检测失效或者误检。综上所述，传统的车道线检测方法解决了部分检测问题，但在此框架下很难搭建出适合所有场景的模型，所以鲁棒性不高。

图1-9　基于霍夫变换的车道线检测方法

1.2.2　基于CNN的车道线检测技术

为解决模型适应性问题，越来越多的学者将车道线检测的研究重心转移到深度学习方法之上，来寻求更加鲁棒的模型。本节将这些方法主要分为两类：一类是基于单帧图像处理的车道线检测方法；另一类是基于视频处理的车道线检测方法。此外，本节还将补充相关的视频目标分割模型的介绍。

1.2.2.1　图像级车道线检测方法

深度学习方法首先应用于单帧图像的分类任务中，并在车道线检测任务中得到长足的发展。目前，学术界基于图像级检测方法提出了许多经典的车道线模型。PSPNet、ERFNet等是利用语义分割的思想将车道线检测问题转换成二进制的分类问题，把车道线以外的像素都视为背景，其余分类为车道线的像素视为前景。这种方法相对于传统的车道线检测而言，具有更强的鲁棒性，能够处理一些遮挡和光照问题，如图1-10所示，网络输出的二进制预测图并不能区分出每条车道线。在最近的工作中，LaneNet结合语义分割与实例分割，利用嵌入的思想将车道线检测问题转化成实例分割问题，实

图1-10　基于深度学习的图像级车道线检测结果

现车道线实例化。由于车道线在图像中的分布像素较少，对每个像素的嵌入需要消耗巨大的计算成本，使得网络运行速度缓慢，不能够满足实际需求。SCNN则是根据车道线在图片中的位置与先验的结构信息，提出一种空间CNN网络，解决CNN无法准确学习到细长、空间连贯性较强的物体的问题，同时提高网络的运行速度。

SegNet结构被广泛应用于目标检测任务中，但Almeida等人在这个体系上提出一种新的道路表示方法，并结合了ENet模型的适应性。结果表明，该组合方案能够解决各模型的漏检或性能不佳等问题。Zhao等人提出了一个基于深度强化学习的地表车道线检测模型，采用边界盒级卷积神经网络对道路车道线进行定位，然后采用基于强化的深度Q学习定位器（DQLL）将车道线精确定位为一组地标点，以更好地表示弯曲车道线。

上述的方法未充分考虑网络的实时性问题，因此，近年来车道线检测方法逐渐朝着轻量化发展。例如，SAD提出一种基于知识蒸馏的方法，用teacher网络的中间层输出来指导小型的student网络训练，并设计SAD注意力模块，大幅度提高了分割网络的速度与精度。在解决检测实时性问题上，UFSD从另一种角度出发，摒弃了对所有像素进行分类的思想，将像素分割转换为网格分类的问题，对车道线位置进行逐行预测，排除非车道线网格，最终用row-wise方法将图片中划分出的网格进行分类，再进行线性拟合。这一方法可获得更快的速度和不错的精度。在这一思想的影响下，CondLaneNet提出RIM循环模块，解决了车道线分叉的实例问题，同时利用row-wise和动态卷积对车道线位置与类别进行区分和线性拟合，拥有较高的精度与速度。此外，PolyLaneNet提出车道线标记的多项式预测思想，利用CNN学习车道线标记多项式的域和每个车道线的置信度，以获得更快的速度。FOLOLane专注于局部几何建模，并以自底向上的方式将其集成到全局结果中，兼顾速度与精度。

这些方法在单帧图像处理方面展现出强大的性能，但在实际应用中，车辆要处理带有时间维度的信息，它们就显得有些乏力。如图1-11所示，图像级模型在连续四帧的预测结果中，尽管交通场景未发生较大变化，但预测结果之间的车道线曲率、线形等没有关联性，若将这些图片还原成视频，会发现视频流的整体预测结果存在着严重的抖动。考虑上述因素与文献中提到的时间稳定性（T）度量，推理出基于单帧图像的方法无法学习目标在时间维度上的形状演化。

图1-11　图像级车道线检测方法在视频数据中的表现

1.2.2.2　视频级车道线检测方法

目前主流的视频级车道线检测方法是基于长短记忆网络（LSTM），如图1-12所示，f_t为遗忘门，i_t为输入门，o_t为输出门，C为元胞状态。通过大量的数据训练，LSTM得到每个门所对应的权重w，通过三个门的相互作用，改变元胞状态所承载的信息，来处理序列数据（按照时间顺序排列的一系列数据），如文本、语音和时间序列数据等任务。

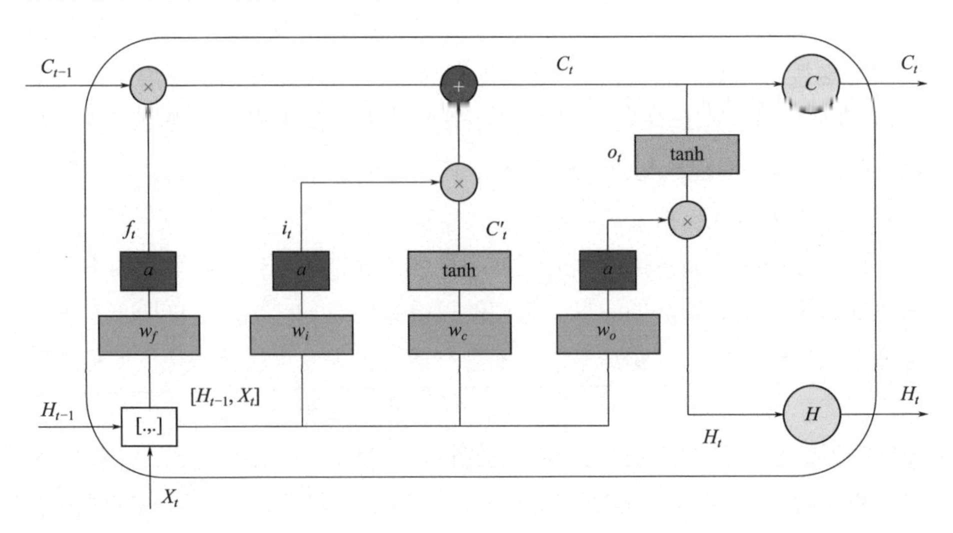

图1-12　LSTM的原理示意图

为应对动态环境带来的挑战，Yassin等人提出一种CNN-LSTM的网络结构，结果表明，带有LSTM模块的网络能够有效提高预测精度。但在雾或朦胧环境下，效果依然不佳。Wu等人提出一种使用暗通道先验（DCP）使图像更加清晰的方法，并建立一种由CNN和LSTM组成的混合架构，将其作为该架构的输入，最终在恶劣的环境中取得较高的精度。针对车道线标记严重退化和车辆严重阻塞等情况，Wang等人通过合并先前帧的信息潜在地推断出车道线信息，提出一种将卷积神经网络（CNN）和递归神经网络（RNN）相结合的混合深度结构，该结构在标记缺失等场景较为出色。

尽管这些网络在一定程度上获得了道路的动态特征，但LSTM仅能记住100个量级的序列，更长的序列会导致网络精度下降；另外，每一个LSTM的cell中包含4个全连接层（MLP），如果LSTM的时间跨度很大，并且网络又很深，无论是训练还是测试，都会消耗大量的时间与计算成本。

视频流信息与序列信息有本质的区别，视频是由一系列连续的图像帧组成的数据流，该信息不仅包含时间上的顺序信息，还包含空间上的信息。上述基于LSTM的车道线检测网络，通过元胞状态来捕捉视频中车道线的序列信息，对于车道线实例特征和空间位置特征变化不敏感，且存在着实时性低等缺点。

为获取帧间关联特征，Chng等人提出一种以增强方式应用于单帧CNN预测结果之后的车道线跟踪方法，首先从深度学习输出的概率图中提取车道线点，然后检测曲线车道线和直线车道线，对直线车道线使用加权最小二乘线性回归修复真实图像中的车道边缘，利用前一帧车道线预测，将其映射到当前帧，计算两帧之间的车道线标记均方根对车道线进行跟踪。Chng等人又改进了之前的RONELD方法，通过检测车道线点方差，合并车道线以找到更精确的车道线参数集，并使用指数移动平均法计算更稳健的车道线权值，更好地利用前一帧的车道线预测结果中的固有信息来改进该方法的车道线跟踪部分。但这两种后处理方法仅应用于SCNN或ENet-SAD的网络输出，局限性较大。

最近的一项工作开拓了获取车道线动态特征的思路，它基于视频对象分割模型（VOS），从过去5帧的预测结果中提取车道线记忆，并通过多级记忆聚合模块（LGMA）从多帧记忆中获取注意力图，为后续分割提供指导。

该工作利用LGMA模块建立一定的帧间关联性，但也存在明显的局限性：

① 在视频的前5帧预测过程中LGMA模块不参与预测，最终预测结果

精度不高。如图1-13所示，LGMA模块存在一定的滞后性。

图1-13　MMA-Net的初始帧检测结果

② 模型利用两个ResNet-50作为网络编码器，导致模型推理速度较低，难以满足实时性需求。

③ 在MMA-Net中，将带有误差的过去帧预测结果作为记忆，会使记忆出现偏差，再将该记忆用于指导网络的后续分割，使得记忆误差在帧间传播。

④ LGMA模块能够保留检测对象的边界、位置、形状等信息，但无法学习足够的帧间形状演化信息来指导当前帧的预测，并且随着车辆的运动与动态场景干扰，出现误检、漏检和不稳定的情况。

1.2.2.3　其他VOS模型

视频对象分割模型（VOS）主要包含两个步骤：首先对视频中第一帧图像进行目标分割，然后使用跟踪算法在后续帧中跟踪目标。如图1-14所示，VOS方法展示出强大的跟踪性能，但目前基于VOS的车道线检测方法较少，这里补充介绍四种VOS模型：

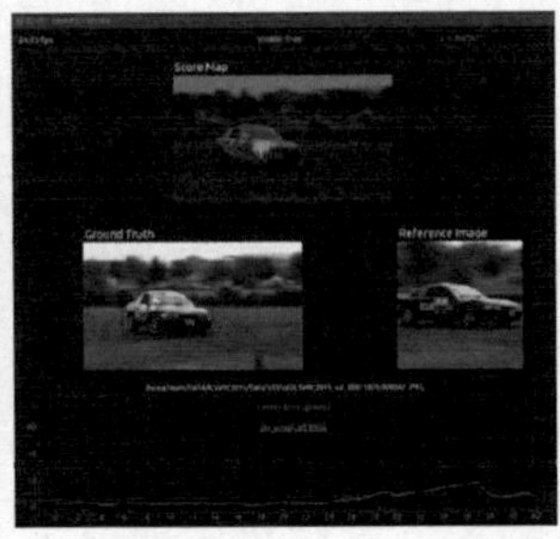

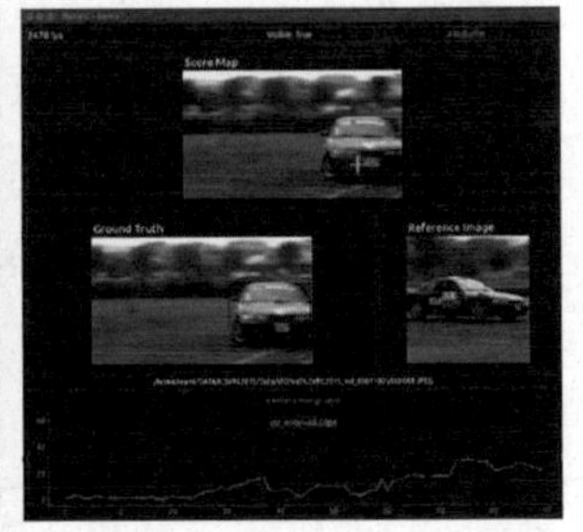

图1-14　VOS方法跟踪车辆示意图

① 在线学习。首先在线学习需要在大量数据基础上进行离线训练，构建出一个能够区分一般前景对象的模型，然后在测试阶段进行微调来学习目

标的具体表达。然而，这种微调会带来巨大的计算成本，导致每帧需要几秒的处理时间。

② 模板匹配。模板匹配是实现跟踪的一种传统方法。它利用模型生成的模板来计算输入与模板的相似度。大多数工作遵循Siamese方法，它将目标模板和给定图像的特征图进行匹配操作。TVOS提出一种帧间标签传播方式，将历史帧与第1帧的标签相结合，改变之前以远距离帧作为采样的方式，加强模型对物体外观的处理能力。TTVOS设计出一种自适应模板，网络利用短期模板得到目标位置信息，利用目标像素生成嵌入向量，更新自适应模板，提高分割掩码的质量。

③ 光流法。光流是低层次视觉中常用的方法之一，已在各种视频检测中得到应用。通过计算像素方向的轨迹或物体的运动作为额外的线索来重新对齐给定的掩码或特征。

④ 记忆网络。Oh等人提出一种新颖的时空记忆网络（STM），将分割信息存储在每一帧所生成的记忆特征图中，即记忆保存之前所有帧的时空位置信息。当处理目标帧时，利用读取操作将查询帧与记忆帧在时间和空间维度上执行密集的特征关联，从记忆中检索相关信息，为目标帧分割提供指导。

1.3　本书结构概览

第1章：绪论。首先深入研究了车道线检测的背景、意义和目的。通过介绍车道线检测的必要性，展示了这一技术在现代交通系统中的关键作用。接着，对国内外相关研究进行了深入分析，总结出现有研究的不足之处，为后续章节提供了明确的研究方向。最后，引出了车道线检测技术的改进，为读者奠定了理解和期待本书后续内容的基础。

第2章：基于深度学习的车道线检测理论基础。这一章探讨了常用的交通场景数据集，讨论了数据预处理方法，并详细解释了性能评估的关键概念。这一章将为读者提供对车道线检测技术的基本了解，为后续章节打下坚实的基础。

第3章：基于Swin Transformer的车道线检测技术。这一章内容包括车道线检测系统的概述，车道边缘建议网络和车道线定位网络的详细解释，网络的训练策略，以及实验结果和分析，将带领读者进一步理解一种先进的车道线检测方法，展示其性能和潜力。

第4章：基于深度混合网络的连续多帧驾驶场景的鲁棒车道线检测技术。这一章深入研究了基于深度混合网络的车道线检测技术，特别关注连续多帧驾驶场景的鲁棒性。内容包括系统概述、优化的MAE网络、掩码技术、编解码器网络等。还介绍了网络的训练策略、数据集、超参数设置和实验评估，以及与其他方法的比较等。这一章将帮助读者理解在复杂场景下实现车道线检测的关键技术。

第5章：基于深度学习的视频车道线检测技术。这一章内容包括Key与Value空间的嵌入张量、STM网络结构、多帧注意力模块、多级记忆聚合模块、深度相似性学习、全卷积暹罗网络、自适应模板匹配（ATM）等关键概念和方法，展示如何将深度学习技术应用于视频车道线检测，并提供深入的理解。

第6章：基于MMA-Net的轻量级视频实例车道线检测技术。这一章内容包括FMMA-Net网络结构、记忆帧编码器设计、查询帧编码器设计、网络的损失函数、VIL-100数据集、图像级评价标准、实验环境搭建与训练、实验结果与分析等，将为读者提供关于轻量级视频车道线检测的重要信息和洞见。

第7章：基于记忆模板的多帧实例车道线检测技术。这一章内容包括网络的整体结构，记忆模板的工作原理、结构设计，误差传播，损失函数，实验准备，消融实验，对比实验，等等，将帮助读者了解另一种创新性的车道线检测方法，以及如何克服实际场景中的挑战。

第8章：未来展望与发展趋势。这一章展望了基于深度学习的视频车道线检测技术的未来，讨论了深度学习技术在车道线检测领域的进一步应用，智能交通系统的发展前景，以及车道线检测技术的创新方向，将帮助读者洞悉这一领域的未来发展趋势。

希望本书能够揭开基于深度学习的视频车道线检测的神秘面纱，为读者提供深入的见解。我们的目标是让读者不仅理解车道线检测的基本概念，还能够掌握先进的技术和方法，以应对日益复杂的交通环境，提高计算机的智能水平，从而改善人类的生活质量。

第2章

基于深度学习的车道线检测理论基础

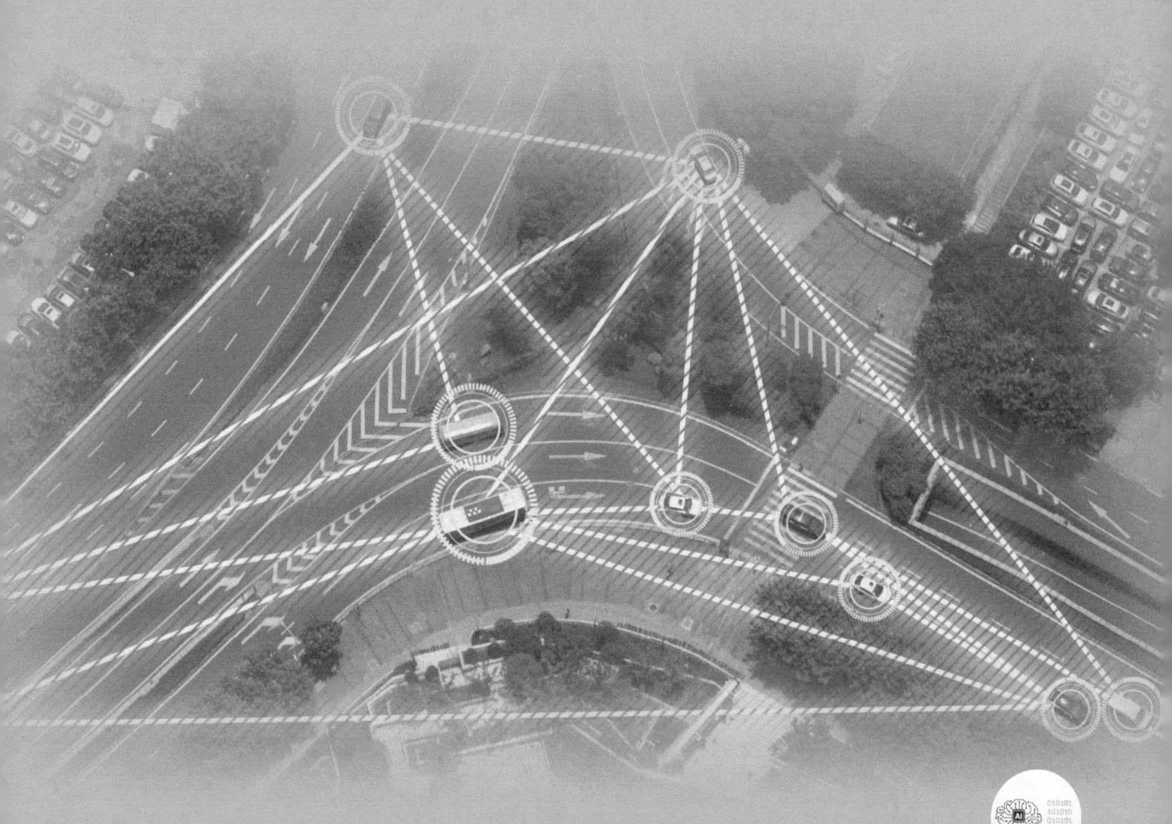

目前，车道线检测网络可分为两类：基于手工提取特征的传统车道线检测方法以及基于深度学习的车道线检测方法。其中，基于深度学习的车道线检测方法由于具有泛化能力并具备较高的鲁棒性，在面对挑战性场景时依然能够较好地完成车道线检测任务，因此，其在智能驾驶中扮演着关键角色。

2.1 卷积神经网络

卷积神经网络是一种包含卷积层、池化层、连接层等功能层的网络结构，通常是一种用来处理图像等大批量数据的深度学习模型，在目标检测、分割等领域应用广泛。受动物视觉表皮组织处理生物信息的启发，人们开发了神经元连接模式，提出了感受野的概念。神经元在感受野范围内对收到的信息做出反应，不同的神经元之间利用其重叠的感受野覆盖整个视野。神经元的三维排列方式是卷积神经网络与常规神经网络的主要差异，其三维排列方式解决了图像展开为矢量后丢失空间信息的问题。数据输入网络后，神经元与前一层的卷积连接。对于用来进行图像分类的卷积神经网络，在网络结构的最后会把全尺寸的图像压缩为在深度方向上排列的向量，这些向量包含分类评分。

2.1.1 卷积层

卷积层起到对数据进行特征提取的作用。卷积核分布在卷积层上，卷积核的每个元素都有其偏差量和权重系数。卷积层内每个神经元都与前一层中位置接近区域的多个神经元相连，如图2-1所示。

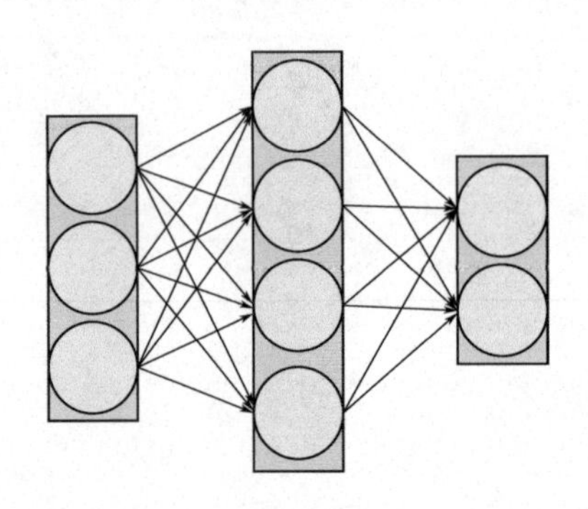

图2-1 神经元连接示意图

“感受野”表示特征图某一区域与原图的对应，尺寸由卷积核决定。卷积操作时，会有规律地按卷积核的大小扫描输入特征并按元素相乘方法求和并叠加偏差，如图2-2所示。

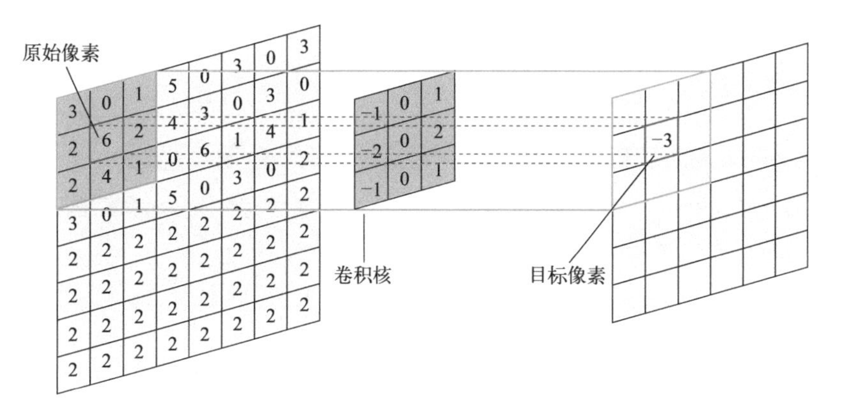

图2-2　卷积操作示意图

2.1.2　池化层

在卷积神经网络中引用池化层的目的是通过下采样的方式降低网络模型的计算量，池化层分布在卷积层之间，使得由多个卷积层叠加的深度神经网络在提取更多空间细节的同时消除计算机算力瓶颈，并且达到避免过拟合的效果。池化层没有权重系数，虽然也具有局部连接，但不需要通过网络训练优化运算结果。池化操作如图2-3所示。

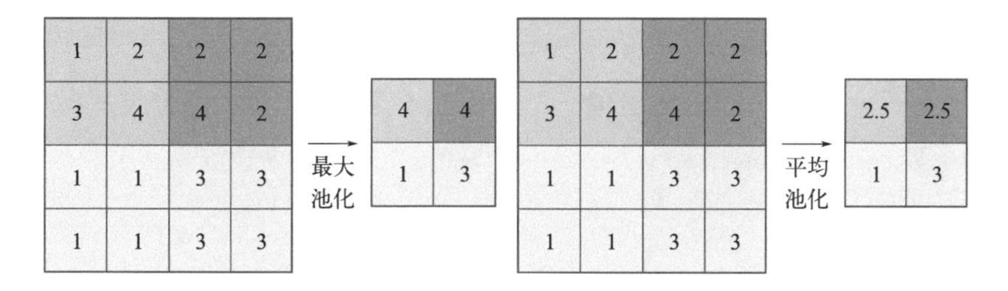

图2-3　最大池化和平均池化

2.1.3　激活函数

激活函数的主要作用是帮助神经网络学习复杂的非线性函数，防止过拟合。它应用于神经网络的神经元，并将其输入映射到输出端。激活函数通过引入非线性特征的方式将模型节点的输入转换成输出，输出作为下一层的输入。激活函数的使用增强了模型学习非线性特征的能力，能够帮助模型学习更复杂、更高级的特征，应用到更广泛的项目中。

Sigmoid激活函数的计算过程如下：

$$\mathrm{Sigmoid}(x)=\frac{1}{1+\mathrm{e}^{-x}} \tag{2-1}$$

Sigmoid激活函数将隐藏层神经元输出的取值范围设置为(0,1)，一般应用在二分类任务中。其有限的输出范围可以实现稳定优化，且该激活函数为连续函数，便于求导。

Tanh激活函数的计算过程如下：

$$\mathrm{Tanh}(x)=\frac{\mathrm{e}^{x}-\mathrm{e}^{-x}}{\mathrm{e}^{x}+\mathrm{e}^{-x}} \tag{2-2}$$

Tanh函数是0均值的，在实际应用中Tanh会比Sigmoid更好。但是仍然存在梯度消失和幂运算的问题。

ReLU激活函数的计算过程如下：

$$\mathrm{ReLU}(x)=\max(0,x) \tag{2-3}$$

ReLU激活函数的特点是计算速度更快，它是一个取最大值函数，在现代卷积神经网络中最为常见。

Softmax激活函数的计算过程如下：

$$\mathrm{Softmax}(z_i)=\frac{\mathrm{e}^{x_i}}{\sum_{c=1}^{C}\mathrm{e}^{x_c}} \tag{2-4}$$

其中，z_i表示第i个节点的输出值；C表示输出节点的个数，即分类任务中类别的个数。

2.1.4　全连接层

全连接层通常出现在网络的最后几层，模型的参数基本集中在这几层上，它将网络各层提取的分布式特征映射到样本标记空间，起到分类器的作用，其计算过程如下：

$$y_i=\sum_{i}^{N}w_{ij}x_i+b_j \tag{2-5}$$

其中，w_{ij}表示上一层的第i个神经元和当前层第j个神经元之间的连接权重；b_j表示第j个神经元对应的偏置。

2.1.5 批量归一化层

批量归一化（Batch Normalization）是卷积神经网络中普遍使用的数据处理方法。网络的目的是学习目标的分布，在数据训练的时候更新参数，导致不同批次的数据经过同一层得到的分布是不同的。批量归一化会对每个节点的值进行放缩偏移，使各个值分布在(0,1)。输入网络的是经过归一化之后的同分布数据，第一层参数更新后，下一批次在第一层的输出分布改变，经过多层分布后的结果变化很大。为了方便模型拟合不同的分布，在每一层激活网络之前，将神经元输出变换到同一分布加速训练。在与参数进行运算后，将得到的结果归一化，这样就降低了参数更新对分布的影响，因此通常将该操作放在全连接层中的激活函数和仿射变换之间。例如，使用ReLU激活函数，如果未归一化之前有很多负数，而归一化后负数减少，那么很有必要在激活函数之前进行批量归一化。使用批量归一化的全连接层输出可用式（2-6）表示：

$$h=\phi\left[BN(Wx+b)\right] \tag{2-6}$$

其中，BN为批量归一化；ϕ为激活函数；W和b表示权重和偏置。

2.1.6 损失函数

计算模型预测数值与真实数值之间的误差是损失函数的主要作用。在模型的训练阶段，经过模型处理的每批次数据通过前向传播会输出预测结果，损失函数会在此时计算其与真实数值的差异。随后，模型会进行反向传播更新参数，使用“梯度下降法”等方法将目标函数最小化，以此操作使预测结果向真实值靠拢，缩小差异，以提升模型的效果。损失函数的计算过程如下：

$$\theta_j^{(m)}=\theta_j^{(m-1)}-\beta\frac{\sigma}{\sigma\theta_j}L \quad (\theta_1,\theta_2,\cdots,\theta_n) \tag{2-7}$$

其中，θ表示学习参数；m表示网络的迭代次数；$\theta_j^{(m)}$表示本次迭代中第j个参数对应的数值；β表示网络的学习率，其作用是加速网络训练过程。

$$W_j^{(m)} = W_j^{(m-1)} - \beta \frac{\sigma}{\sigma w_j} L \ \ (W_1, W_2, \cdots, W_n; b_1, b_2, \cdots, b_m) \tag{2-8}$$

$$b_j^{(m)} = b_j^{(m-1)} - \beta \frac{\sigma}{\sigma b_j} L \ \ (W_1, W_2, \cdots, W_n; b_1, b_2, \cdots, b_m) \tag{2-9}$$

其中，W和b分别表示权重和偏置，是学习参数θ包含的参数。

以下是两种常见损失函数的具体介绍。

① 交叉熵损失函数，是主要应用于分类任务的损失函数。式(2-10)解释了其计算过程。

$$L(W,b,x) = -\frac{1}{m}\sum_{j=1}^{m}\left[y_i log(\hat{y}_J) + (1-y_i) log(1-\hat{y}_J) \right] \tag{2-10}$$

② 交并比（IoU）损失函数，是一种常见的损失函数，指的是预测边界框与真实边界框的交集与并集之比，如图2-4所示。

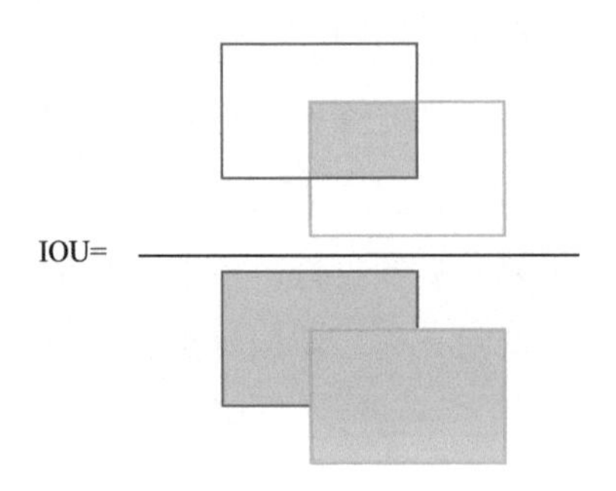

图2-4　IoU损失函数的几何表示

式（2-11）和式（2-12）解释了IoU和IoU损失函数的原理。

$$\mathrm{IoU} = \frac{\left| B \cap B^{\mathrm{gt}} \right|}{B \cup B^{\mathrm{gt}}} \tag{2-11}$$

$$L_{\mathrm{IoU}} = \frac{\left| B \cap B^{\mathrm{gt}} \right|}{B \cup B^{\mathrm{gt}}} \tag{2-12}$$

其中，B表示预测边界框；B^{gt}表示真实边界框。

2.2　卷积神经网络的应用

卷积神经网络一直以来都是处理图像识别任务的主要方法，其性能稳定，应用性强，可以进行监督学习和非监督学习，在目标检测、目标分割、目标分类等领域有着广泛应用。

2.2.1 目标检测

目标检测任务主要是用来寻找图像中的目标位置并确定目标种类，如图2-5所示。然而，由于目标的尺寸不一、模糊不清以及遮挡等各种因素，使得目标检测仍然存在着诸多挑战。传统的目标检测算法主要基于手工提取特征，具体步骤可概括为：首先选取感兴趣区域进行特征分类，然后对提取的特征进行检测。虽然传统目标检测算法经过了十余年的发展，但是其识别效果并没有较大改善且运算量大。

图2-5　目标检测示意图

基于深度学习的目标检测算法分为Anchor-based的两阶段方法和Anchor-free的一阶段方法。一阶段方法主要的工作原理是直接在网络进行特征提取的过程中来对目标进行分类和定位，通过确定关键点的方式来完成检测，大大减少了网络的参数量。一阶段的目标检测网络主要有YOLO系列、OverFeat、SSD等。两阶段的目标检测网络有Fast R-CNN、R-CNN、R-FCN等，其工作原理大多是在进行特征提取的过程中预设一个候选区域，再通过卷积操作进行数据的分类和定位。两阶段的方法优点是检测精度高，但检测速度比起一阶段的方法却相差甚远。

2.2.2 图像分割

图像分割是一种像素级别的视觉任务，近年来在智慧医疗、生物信息、自动驾驶和工业工程等方面取得了不错的成效。基于深度学习的图像分割，主要是使用神经网络完成图像像素的分割，常用的语义分割网络有ENet、Seg-Net、Mask R-CNN等。语义分割就是将图像中的每个像素归类，如图2-6

所示，将图像中的人、树木、草坪和天空等所属像素分别归为不同类别。

图2-6　语义分割示意图

实例分割在语义分割的基础上对每一类目标进行颜色区分，如图2-7所示，其意义是识别出图像中的每一个目标。

图2-7　实例分割示意图

全景分割是语义分割与实例分割的结合，全景分割不仅会对目标种类进行分割，也会对属于背景类别的区域进行检测，完成对每一个像素位置均进行分类的目的，如图2-8所示。

传统的图像分割有基于阈值、聚类和直方图等方法。基于阈值的方法主

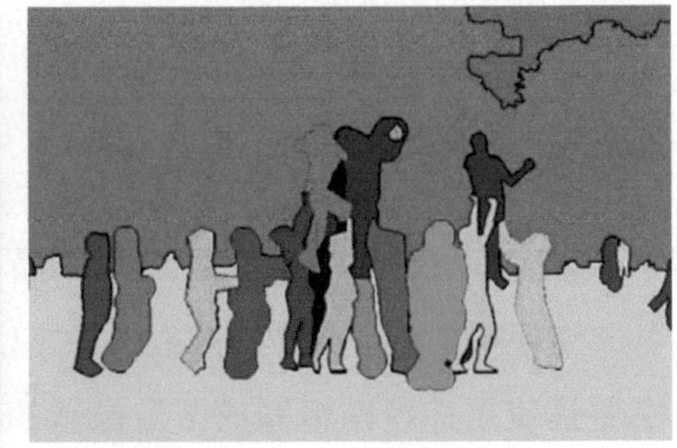

图2-8　全景分割示意图

要是通过设置阈值将图像转化为二值图以分辨出目标和背景。基于聚类的方法根据特征的相似性将像素点分配到相应的类别。基于直方图的方法根据像素的灰度进行分类，较大的峰值通常为背景的灰度级，较小的峰值为目标的灰度级。

2.3 车道线检测

在自动驾驶技术中，感知模块会根据车载摄像头采集到的前方交通场景信息，识别关键特征并传递给决策系统，决策系统做出判断后传递给控制系统并发送信号，达到控制车辆的目的。

2.3.1 基于传统方法的车道线检测

基于传统方法的车道线检测技术主要有以下几种。

(1) 彩色图像转化为灰度图像

为了使图像处理起来更简便，传统的方法通常将三通道彩色图像转换为单通道灰度图，其转换公式为：

$$\text{Gray}=0.299R+0.587G+0.114B \tag{2-13}$$

(2) 图像去噪

图像中噪声严重将会影响对车道线目标的分割提取，所以前期需要对采集的车道线图像进行平滑滤波，在降低图像噪声和减小细节的同时，还能保留边界。图像平滑滤波算法有许多种，如中值滤波、高斯滤波等。

(3) 边缘提取

车道线的一个主要特征是边缘比较明显，因此可以使用边缘检测算法将车道线从原图像中提取出来，边缘检测的结果就是识别出图像中具有明显亮度变化的点，通过计算像素点的梯度变化来判断该点属于边缘点的概率。通常使用Canny算法进行图像边缘提取，其计算出每个像素点的梯度值后，需要筛选可疑边缘点，当某一像素点的梯度值比其他同梯度方向上的几个点的梯度值大时，将此点保留为边缘点。

（4）感兴趣（ROI）区域选择

为了使得Canny算子检测到的边缘仅包括车道边缘，剔除路障等带来的边缘检测结果，通过选取感兴趣区域的方式来完成选择。感兴趣区域的选择是通过车载摄像头相对于车道线固定位置的先验信息来完成的，使得待检测的车道线处于感兴趣区域内。所以，可以通过保留边缘图像中的感兴趣区域部分，去除其他无关信息对图像处理的干扰。

（5）霍夫线变换

霍夫线变换是一种用于检测具有特定形状物体的技术，如检测圆、直线等。该方法将原空间映射到参数空间，在参数空间中得到检测图像的轮廓。将车道线类比于直线，直线在图像二维空间中用两个变量表示：一种方法是在笛卡儿坐标系中用（m,b）斜率和截距表示；另一种方法是在极坐标系中用（r,θ）极径和极角表示。

（6）逆透视变换

在车载摄像头拍摄的车道线图像中，由于透视效应的存在，本来平行的事物在图像中是相交于无穷远的，如图2-9所示。

图2-9　逆透视变换示例

逆透视变换就是消除这种透视效应。利用这种变换能方便地在鸟瞰视角下计算道路曲率，有助于预测前方的弯道。

2.3.2　基于深度学习的车道线检测

随着图像分割技术的发展，语义信息的加入使得车道检测技术变得更加

“智能”。基于语义分割的车道线实例分割，能够使车辆前置摄像机采集到的道路场景图像中的每个像素都划分到对应的类别，实现对车道线像素的高精度识别以及不同车道线实例间的划分，为自动驾驶提供有力的技术保障。

（1）语义分割

语义分割网络通常采用编码器-解码器（Encoder-Decoder）结构：编码器负责提取图像的语义特征，生成低分辨率的特征图；解码器则通过上采样，恢复原始图像分辨率，进行像素级密集预测，得到分割结果。SegNet和U-Net就是典型的编码器-解码器结构网络。

通过池化或步长不为 1 的卷积核进行下采样，会丢失很多特征信息，导致一些小物体无法通过上采样重建出来。对此，常采用空洞卷积（Dilated Convolution），在增大感受野的同时，避免下采样损失信息。相比于标准卷积，空洞卷积多了一个扩张率（Dilation Rate）参数，用来控制空洞大小，即卷积核的间隔数量。如图2-10所示，红点表示卷积操作的位置，蓝色区域表示空洞卷积的感受野，扩张率越大，同等计算量的卷积核对应的感受野就越大。

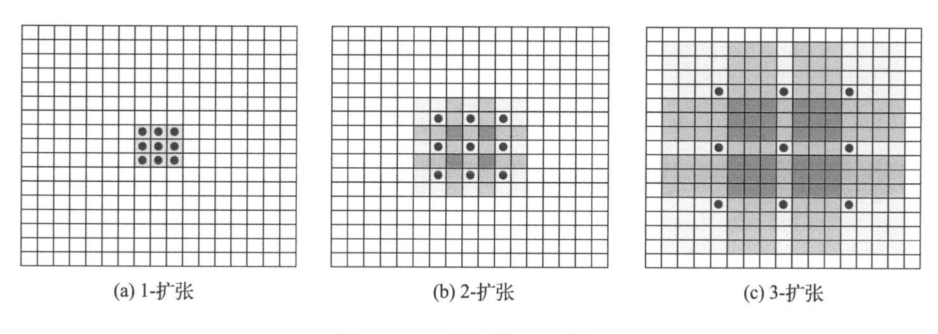

图2-10　空洞卷积示意图

一般而言，卷积神经网络的低层特征语义信息较少，但可以有效反映目标的位置信息；而高层特征具有丰富的语义信息，但目标位置不准确。因此，要想获得较好的语义分割结果，需要挖掘多尺度的全局上下文信息。图2-11展示了语义分割网络使用的一些多尺度特征融合模块。特征金字塔网络（Feature Pyramid Network，FPN）将自底向上与自顶向下的过程进行横向连接，对相同大小的特征图进行融合，并在每个融合后的特征层上单独进行预测。PSPNet利用金字塔池化（Pyramid Pooling）获得不同尺寸的特征图，然后将这些直接上采样到与输入特征相同的尺寸并与其进行级联，实现多尺度信息聚合。DeepLab系列网络提出空洞空间金字塔池化（Atrous Spatial Pyramid

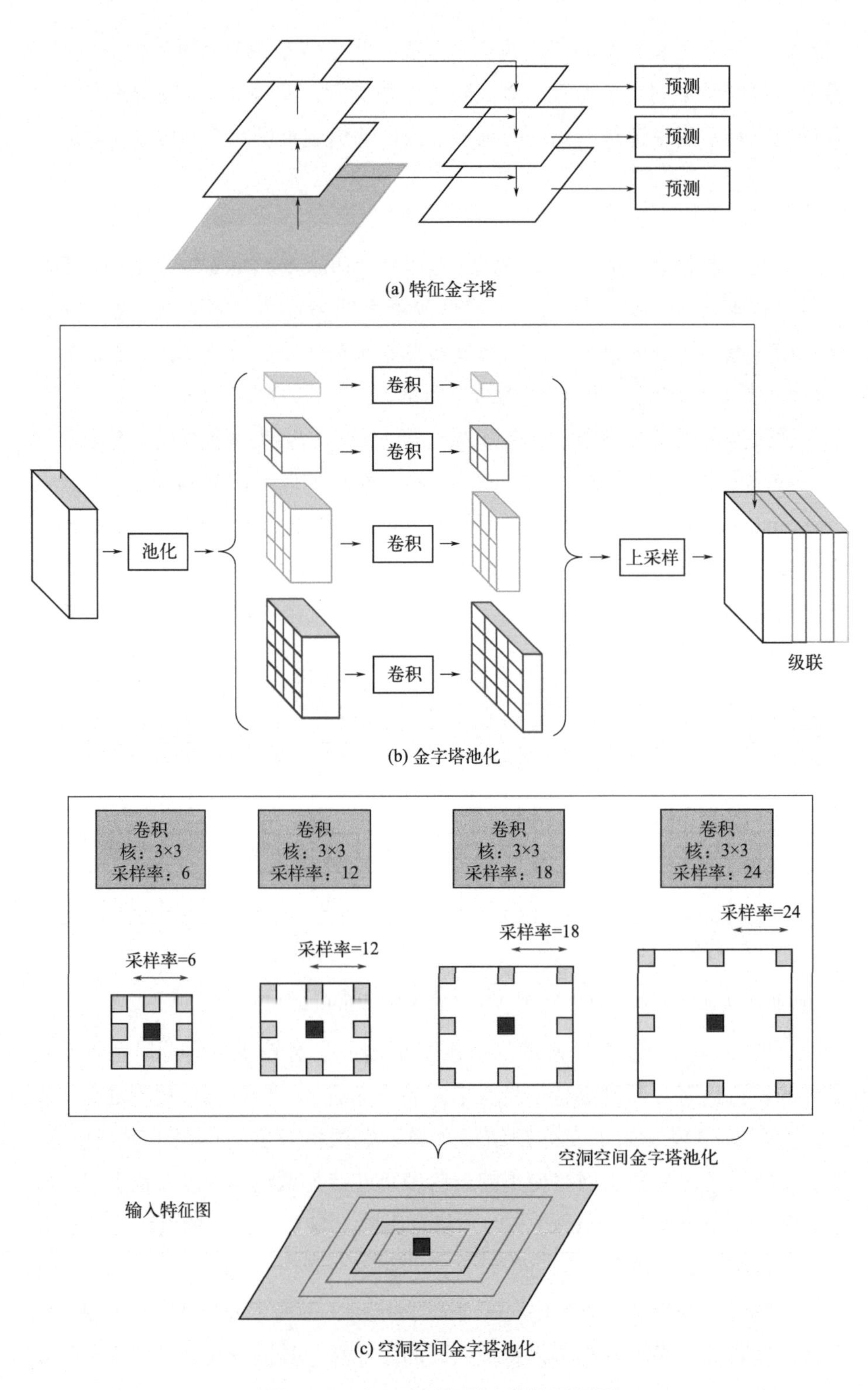

图2-11　多尺度特征融合模块示意图

Pooling，ASPP），使用不同采样率的多个并行空洞卷积层，解决多尺度问题。

提取特征以后，需要对缩小的特征进行上采样，恢复到原先的尺寸，才可以对原始图像上的每个像素进行分类。常用的上采样方法有插值算法、反卷积（Deconvolution）和反池化（Unpooling）。插值算法通过双线性插值（Bilinear Interpolation）或最近邻插值（Nearest Neighbour Interpolation）等非学习的传统图像处理方式对特征图进行信息补全。反卷积指利用转置卷积进行卷积过程的反向操作，转置卷积的参数是可学习的。反池化则是将编码时存储的位置标记作为索引，把特征点映射到原始分辨率中位置标记所指向的对应位置，其余位置填零，从而实现低分辨率到高分辨率的转化。

（2）实例分割

实例分割需要做到像素上的分类，在拥有目标检测的特征的同时，也具备语义分割的特点。对于实例分割而言，在图像中的目标物体同为一类时，也仍要求识别出不同的实例。所以，对于实例分割的研究，长期存在两条线路。这两条线路可归纳为两阶段的方法:

① 自上而下基于检测的实例分割方式，是指先利用目标检测，检测图像中物体实例所在的区域，即边界框（Bounding Box）。通过这一步骤，可以得到图像中所有可能包含车道线的位置。接着，在每个边界框内部进行像素级别的语义分割，将车道线像素与其他背景进行有效区分。这种方法的优势在于可以更精准地定位车道线的位置，为后续的车道线跟踪提供良好的初始信息。

② 自下而上基于语义分割的方式，是指先对图像进行语义分割，将图像划分为不同的语义区域。然后，在这些语义区域的基础上，通过度量学习或聚类的方式，识别出不同的车道线实例。这种方法强调整体语义信息，通过分析像素之间的关系，实现对不同实例的准确分类。尽管这种方法相对而言计算量较大，但其能够全局考虑语义信息，对于复杂场景的处理更为鲁棒。

2.4 数据集

在面对具有挑战性的场景时，基于深度学习的方法会依赖大量的数据完成网络训练，通过数据驱动的方式来提取车道线的识别特征，使得网络的性能较为优异。因此，随着深度学习在智能驾驶中的广泛应用，出现了许多交通场景数据集。在本节中，介绍了在各种智能驾驶任务中常用的六个主要数据集，对专门用于车道线检测的一些数据集进行了重点阐述，并对这些数据集的特征进行了对比分析。

2.4.1 交通场景数据集

除了车道线检测任务之外，基于视觉的智能驾驶任务中还包括许多子任务，如交通场景语义分割、道路标志检测和行人检测，主要交通场景数据集总结如下。

（1）KITTI数据集

在自动驾驶场景中的各类数据集中，KITTI数据集的规模最大，多用于评估各种计算机视觉任务的性能，如3D目标检测、光流、视觉测距等。如图2-12所示，KITTI数据集中收集的真实数据来自农村、城市以及高速公路场景。其中，除每张照片中多达15辆车和30名行人外，还有不同程度的遮挡和截断。该数据集中包含实际驾驶过程中的主要场景，但缺失车道线标记的分割标签。

图2-12　KITTI数据集

（2）BDD100K数据集

在自动驾驶场景中的各类数据集中，BDD100K数据集最多样化且是开源的驾驶数据集。如图2-13所示，该数据集中包含100000个超过1亿帧的视频。通过对每个视频的第10秒进行关键帧采样，可获得100000张图像并对各张图像进行标记。标记内容包括多个城市的道路目标、道路目标的等级、可行驶区域和车道，并涵盖多种道路和照明条件下的车道线标记数据，多用于目标检测任务。

图2-13

图2-13　BDD100K数据集

（3）CityScape数据集

CityScape数据集多应用于语义分割，专注于城市街景理解。如图2-14所示，其包含50个城市不同季节的各种街景。CityScape数据集拥有丰富的数据，如前后视频帧、立体声、GPS和车辆里程表等，可用于像素级、实例级和全景语义分割。在训练集中，5000张图像带有高质量的注释，20000张图像带有粗略的注释，但车道线标记没有特定标签。

图2-14　CityScape数据集

（4）ApolloScape数据集

ApolloScape使用移动LiDAR扫描仪从Reigl收集点云，Reigl生成了精确而密集的点云，使该数据集比KITTI数据集、CityScape数据集和BDD100K数据集更为精确。如图2-15所示，ApolloScape是从中国两个城市的四个地区收集的，提供了白天各种天气条件下的街景图像。图像中的交通条件和环境较为复杂，除了车道线标记，数据集还包括按语义分割的图像，如感知、模拟场景和道路网络数据等。

图2-15　ApolloScape数据集

（5）Mapillary数据集

如图2-16所示，Mapillary数据集包含25000张高分辨率街景图像，涵盖各种天气场景（晴、雨、雪、雾、霾）和全天照明变化（黎明、白天、黄

图2-16　Mapillary数据集

昏、夜晚）。它的注释比CityScape数据集精细5倍，并且其中还包含车道线标记。

（6）CamVid数据集

如图2-17所示，CamVid数据集是第一个带有元数据的对象类语义标签的视频集合。它提供了像素级的车道线标记注释，但只有几百幅图像，与前面提到的数据集相比较小。

图2-17　CamVid数据集

2.4.2　车道线检测数据集

一般的交通场景数据集，缺少完整的车道线标记的分割标签，难以满足车道线检测的需求。因此，构建了许多专门用于车道线检测的数据集。

（1）Caltech Lanes数据集

如图2-18所示，Caltech Lanes数据集包括一天中不同时间段在加州帕萨迪纳附近街道上拍摄的四个片段。该数据集是车道线检测的早期数据集，数据集中图像分辨率较低，幅度也不大。

图2-18　Caltech Lanes数据集

（2）TuSimple数据集

与Caltech Lanes数据集相比，TuSimple数据集更大，图像分辨率更高。如图2-19所示，其内容来自高速公路上的驾驶场景，包括不同程度的遮挡、

图2-19　TuSimple数据集

不同类型的车道线标记和不同的路况。在温和的天气中，白天的交通状况各不相同，检测难度适中。它共有3626个图像序列，每个序列包含在1秒内收集的20个连续帧，第20个帧用车道线标记地面的真实标记。

（3）CULane数据集

CULane数据集包含了北京一天中不同时间段的交通状况，其大小是TuSimple数据集的20倍。如图2-20所示，除了具有不同的天气条件和照明水平外，还有八种具有挑战性的车道线标记检测场景，如交通拥挤、阴影遮挡、车道线标记缺失和弯曲车道线等。这是目前专门用于车道线标记检测的最大且具有挑战性场景的数据集。

图2-20　CULane数据集

（4）VPGNet数据集

VPGNet数据集与使用消失点预测车道线的方法相关。除消失点标签外，还详细标记了各种类型的车道线标记和道路标志。如图2-21所示，该数据集包括不同程度的降雨和夜间图像，恶劣的天气和极端的光照条件场景，使该数据集中的图像具有挑战性。

（5）LLAMAS数据集

LLAMAS数据集是一个用于无监督训练的车道线检测数据集，如图2-22

所示，使用自动创建的地图将标记投影到图像空间中，它依赖于基于样本的优化来提高标记的准确性。与其他数据集不同，每条车道线上标记的像素数很少，并且随着标记的距离和位置而变化，这使得LLAMAS数据集更具挑战性和现实性。

图2-21　VPGNet数据集

图2-22　LLAMAS数据集

（6）CurveLanes数据集

如图2-23所示，CurveLanes数据集有90%以上的图像包含了曲线车道线，这弥补了之前数据集多数场景中缺少曲线场景的不足。

图2-23　CurveLanes数据集

2.4.3　数据集总结

根据不同的任务要求选择合适的数据集，在表2-1、表2-2中总结了上述数据集的特征及其引用，在表2-3、表2-4中提供了更多技术细节。

表2-1　交通数据集的内容比较（1）

项目	KITTI	BDD100K	CityScape	ApolloScape	Mapillary
图片数目（帧数）	579	100000	5000	143906	19035
年份	2013	2018	2016	2018	2017
多场景	是	是	否	否	是
多城市	否	是	否	否	是
多天气	否	是	否	是	是
多车道线种类	是	是	否	否	否
车道线标记	是	是	否	是	是

表2-2　交通数据集的内容比较（2）

项目	CamVid	Caltech Lanes	TuSimple	CULane	VPGNet	LLAMAS	Curve-Lanes
图片数目（帧数）	182	1225	6498	133235	21097	100042	150000
年份	2008	2008	2017	2017	2017	2019	2020
多场景	否	否	否	否	否	否	是

续表

项目	CamVid	Caltech Lanes	TuSimple	CULane	VPGNet	LLAMAS	Curve-Lanes
多城市	否	否	否	否	否	否	否
多天气	否	否	否	是	是	是	是
多车道线种类	否	否	否	否	是	是	是
车道线标记	是	是	是	是	是	是	是

大多数现有交通场景数据集都是在实际驾驶场景中收集的，包含各种复杂情况，如复杂的车道线分布、不完整的车道线标记信息、道路纹理干扰和阴影遮挡等具有挑战性的场景。然而，极端天气条件下的车道线标记检测数据集较为稀少。尽管VPGNet数据集中含有下雨的交通场景，CULane数据集中包含大量黑暗驾驶场景，但其依然不能涵盖所有场景。这类数据集可汇集成多种具有挑战性的交通场景（包括极端天气条件下和各种较低能见度的场景，不同程度的雨、雪和雾天气，以及一天中更多的特殊时间段，如黄昏、夜晚等）。

表2-3　交通数据集的设置比较（1）

设置项目	KITTI	BDD100K	CityScape	ApolloScape	Mapillary
采集设备	灰度照相机 彩色照相机 激光扫描仪	彩色照相机	彩色照相机	彩色照相机 +激光扫描仪	彩色照相机
像素	1242×375	1280×720	2048×1024	3384×2710	9000000（平均）
标注	像素级+矩形坐标	关键点坐标	像素级	像素级	像素级

表2-4　交通数据集的设置比较（2）

设置项目	CamVid	Caltech Lanes	TuSimple	CULane	VPGNet	LLAMAS	Curve-Lanes
采集设备	彩色照相机	彩色照相机	彩色照相机	彩色照相机	彩色照相机	彩色照相机+LiDAR地图	动态彩色照相机传感器
像素	960×720	640×480	1280×720	1640×720	640×480	1276×717	2560×1440
标注	像素级	关键点坐标	关键点坐标	关键点坐标	关键点坐标	像素级	关键点坐标

2.5 数据预处理

数据的特点是规模大且杂乱无章，为了从难以理解的数据中抽取并推导出对于某些特定的任务或特定场景有意义的数据，就需要对数据进行预处理。因此，在本节中总结了许多车道线检测方法使用的数据预处理技术。为了提高车道线检测结果准确性，许多研究已经应用一些额外但有效的数据预处理方式。其中，常见的预处理方式如下。

（1）逆透视映射（Inverse Perspective Mapping, IPM）

根据透视原理，平行车道线将在图像中的某个点相交。逆透视映射（Inverse Perspective Mapping, IPM）是透视映射的逆过程。它可以使用位置信息，如相机的角度和高度，来建立3D坐标系统，消除透视效果，并获得场景的俯视图（Bird Eye View, BEV）。IPM之后，车道线标记在BEV中被转换为平行线，这更便于检测和曲线拟合。

（2）颜色空间变化

颜色由三个独立属性表述，并由三个独立变量综合作用构成一个空间坐标，即颜色空间。被描述的颜色对象本身具有客观性，不同颜色空间从不同的角度去衡量同一颜色对象。颜色空间按照基本结构可分为两大类：基色颜色空间（如RGB颜色空间）以及色、亮分离颜色空间（如YUV颜色空间和HSV颜色空间等）。通过颜色空间变化，使得颜色空间不仅符合视觉感知特性，并且也便于视觉任务的完成。颜色空间变化即图像色彩迁移的过程。在改变图像的一个颜色属性时，可通过改变图像颜色基调实现，而不需改变图像其他的颜色属性。

（3）滤波器

图像通过滤波器处理，消除数据图像中混入的噪声并抽取出图像特征。即在保留图像细节特征以及不损坏图像轮廓及边缘的条件下对目标图像的噪声进行抑制，通过滤波器处理图像后能够提升后续完成视觉任务的有效性和可靠性。图像通过滤波器处理是图像预处理中的常见操作。

（4）数据增强

在基于深度学习的网络中，数据增强是一种较为有效的数据预处理技术。通过对数据图像进行一系列的随机变化，达到扩大原始数据集规模的效果，使得网络具备较为良好的泛化能力以及更好地适应不同数据训练的能力。其中常见的技术包括：翻转和旋转、缩放和剪切、亮度和对比度调整以及噪声和扭曲。

（5）其他数据预处理方式

除常用数据预处理方式外，还有其他数据预处理方式。例如，将二阶或三阶多项式作为车道线拟合的模型；采用非最大化抑制来减少冗余并使预测更准确；随机抽样一致（RANdom SAmple Consensus, RANSAC）被用于车道线检测的直线拟合和平面拟合，即根据一组含异常样本数据的数据集，通过迭代方式估计数学模型的参数，得到有效样本数据；将最小二乘拟合应用到车道线检测任务，完成对车道线的拟合。

2.6　性能评估

为客观且准确地衡量基于深度学习的车道线检测网络的性能，采用性能评估指标评价网络性能优劣。其中包括真阳性（True Positive, TP）、真阴性（True Negative, TN）、假阳性（False Positive, FP）和假阴性（False Negative, FN），它们是常用定量评估的基础。准确度（Accuracy）、召回率（Recall）和精确性（Precision）是简单直观的统计数据，通常用于评估检测性能。召回率和精确性是相互依存的。当所有对象都被判断为正样本时，假阴性为0，召回率达到其最大值1。但是，假阳性数值同时较大，这将导致“精确性”数值较低。因此，仅使用召回率1或精确性来评价车道线标记检测是不准确的。故由于F1-Measure（F1测量值）同时考虑了精确性和召回率，其成为了衡量统计中两类模型准确性的指标。

其中，TPR计算方法如式（2-14）所示，FPR计算方法见式（2-15），召回率见式（2-16），精确性见式（2-17），F1测量值见式（2-18），准确度计算方法见式（2-19）。

$$\text{TPP}=\frac{\text{True Positive}}{\text{True Positive}+\text{False Negative}} \tag{2-14}$$

$$\text{FPR} = \frac{\text{False Positive}}{\text{False Positive} + \text{True Negative}} \tag{2-15}$$

$$\text{Recall} = \frac{\text{True Positive}}{\text{True Positive} + \text{False Negative}} \tag{2-16}$$

$$\text{Precision} = \frac{\text{True Positive}}{\text{True Positive} + \text{False Positive}} \tag{2-17}$$

$$\text{F1} = 2 \times \frac{\text{Precision} \times \text{Recall}}{\text{Precision} + \text{Recall}} \tag{2-18}$$

$$\text{Accuracy} = \frac{\text{True Positive} + \text{True Negative}}{\text{Total Number of Pixels}} \tag{2-19}$$

本章小结

在本章中，首先介绍了卷积神经网络的由来、工作原理以及网络结构，并对卷积神经的卷积层、池化层、全连接层等功能层进行了解释，给出了损失函数与激活函数的计算公式。重点针对传统机器视觉和基于深度学习的车道线检测关键技术进行了简要阐述，并概述了语义分割和实例分割两种主要实现方式，着重介绍了可用的交通场景数据集、车道线检测数据集、有效的数据预处理方式和性能评估指标，并详细阐述了每种技术方法的内容及特点，包括其适用方法以及范围、数据集的设置、特征及其引用以及技术特点，为后续章节提供了理论基础。

第3章

基于Swin Transformer的车道线检测技术

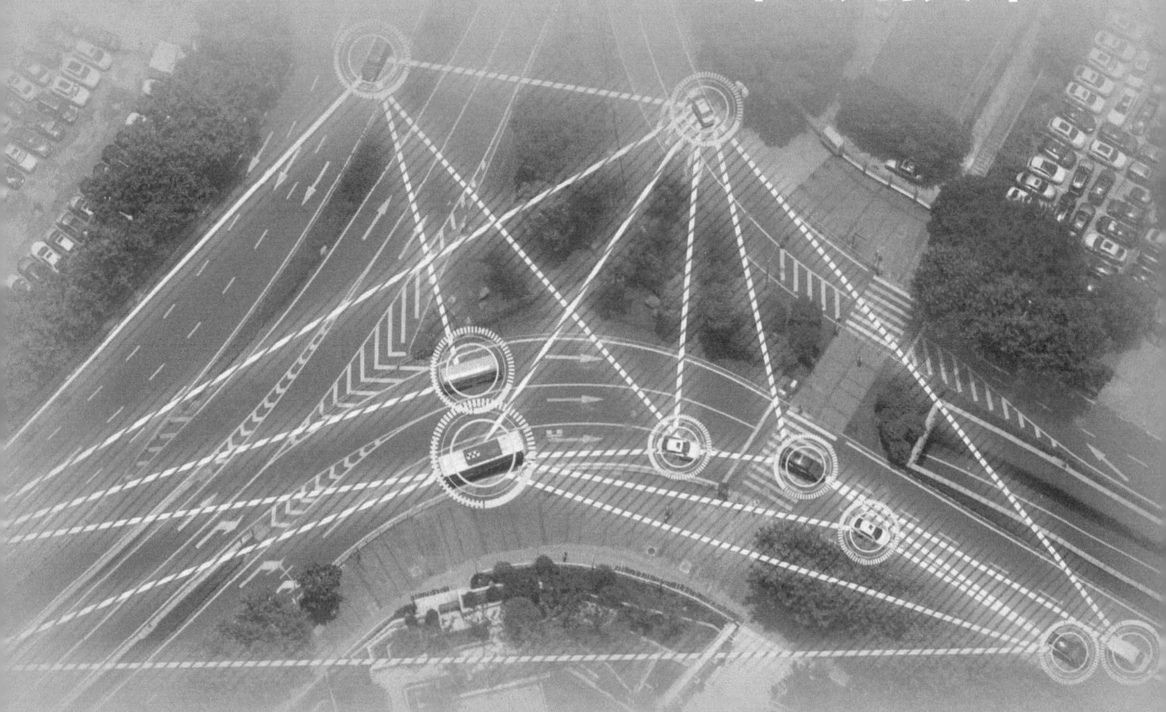

针对当前车道线定位中存在的边缘分割精确性低、计算成本高、无视觉线索场景中检测效果差、车道线检测特征提取困难等一系列问题，本章提出一种基于Swin Transformer 和改进LaneNet的车道线检测方法，称为ST-LaneNet。ST-LaneNet是一种新的深度混合神经网络，该网络将Swin Transformer和改进的LaneNet融合完成车道线检测任务。

该方法的主要贡献如下：

① 多任务检测网络具有较高的检测准确性和检测效率；

② 该方法使得车道线检测网络轻量化，计算成本得以降低；

③ 该方法解决了在特殊场景（如无视觉线索场景等）下检测效果不佳、鲁棒性较差以及车道线特征提取困难的问题。

3.1　系统概述

本章提出的ST-LaneNet深度混合神经网络由车道边缘建议网络和车道线定位网络两部分组成，如图3-1所示。将由摄像头捕捉的车辆前视图的图像作为输入，通过车道边缘建议网络和车道线定位网络，分别获得车道边缘建议特征图以及车道线定位特征图，最后将二者相融合获得车道线分割特征图。

车道边缘建议网络共分为两部分：一部分是二值化网络；另一部分由图像编码器以及图像解码器组成。具体工作步骤如下：

① 将车辆前视图作为输入，通过二值化网络对车道边缘特征进行提取，并获得车道边缘建议二值化的特征图；

② 将车辆前视图作为输入，通过图像编码器和图像解码器获得车道边缘建议特征图，其中，将深度可分离卷积应用于图像编码器以实现渐进特征提取通道和信息聚集的效果，并将内容感知特征重组（Content-Aware ReAssembly of FEatures, CARAFE）应用于图像解码器以实现恢复特征分辨率的效果，并生成像素级车道边缘图。

车道线定位网络的具体步骤如下：

① 将车辆前视图作为输入，通过Patch Partition模块将输入的车辆前视图裁剪为图像块并将其线性嵌入；

② 通过Patch Merging模块将图像块尺寸缩小为原先的一半，通道数扩大为原先的4倍；

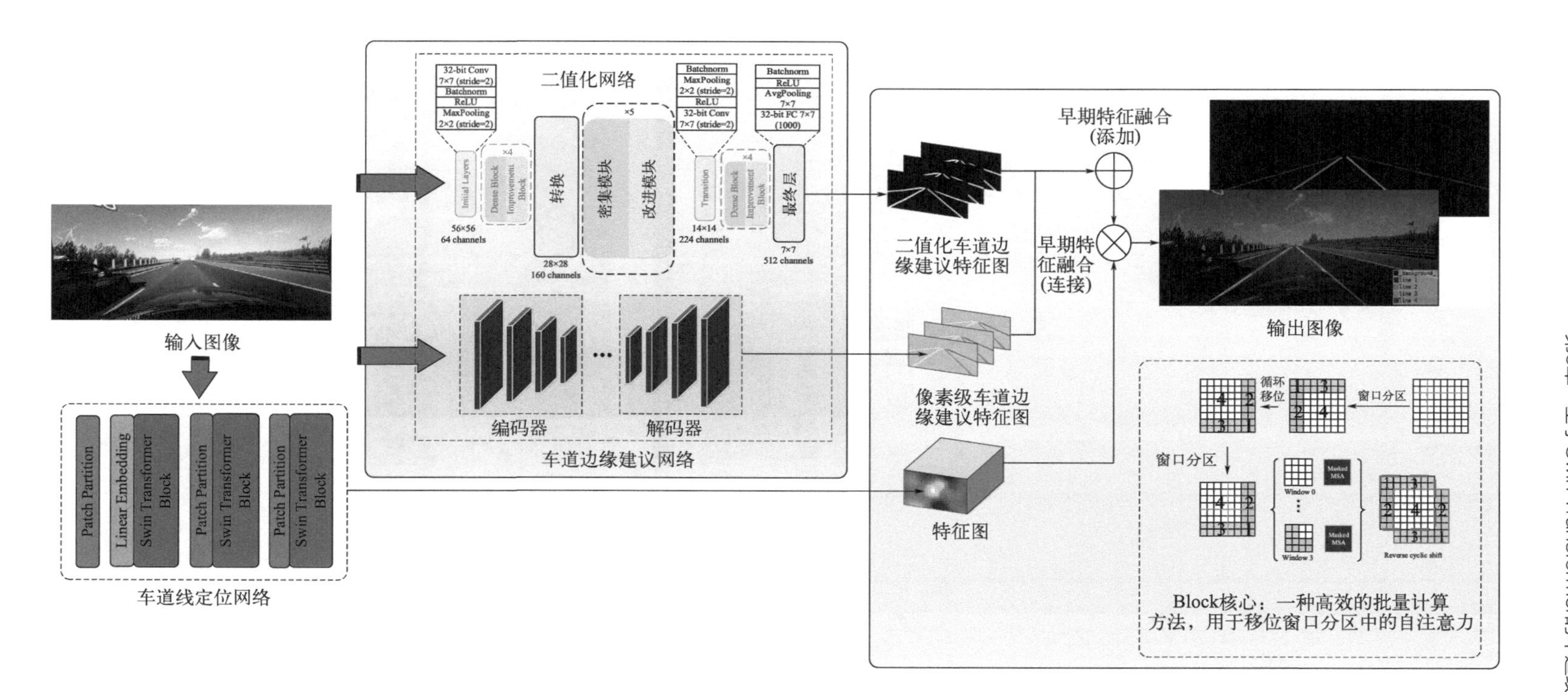

图3-1　ST-LaneNet: 基于Swin Transformer和改进LaneNet的车道线检测网络结构

③ 通过线性层将通道缩小为原先的二分之一；

④ 经过三层Swin Transformer Block处理，将车道边缘建议网络获得的车道边缘建议特征图和车道线定位特征图进行特征级联以完成检测任务。

3.2　网络设计

3.2.1　车道边缘建议网络

车道边缘建议网络是一个耦合网络，由二值化网络和轻量级编码器-解码器架构组成。

（1）二值化网络

将车辆的前视图输入车道边缘建议网络，并对其执行逆透视映射（IPM），以获得车辆的俯视图。然后，对结果执行二值化处理以获得对应的特征图。通过IPM获得的车辆俯视图如图3-2所示（左侧：相机拍摄的原始图像；中间列：IPM效果图；右侧：IPM灰度处理图）。IPM有助于消除图像透视效应对图像检测和识别任务造成的干扰和误差，并能有效消除摄像机垂直仰角引起的逆透视变换误差。水平线弯曲的误差不依赖于车道线类别，同

图3-2　车辆通过IPM后的俯视图效果图

时确保了检测的鲁棒性。通过IPM获得的车辆俯视图中的车道边缘的像素被二值化，目的在于过滤图像中的一系列不相关信息，同时指示出理论上可能是车道边缘的像素，并生成二值化车道边缘建议特征图，如图3-3所示。

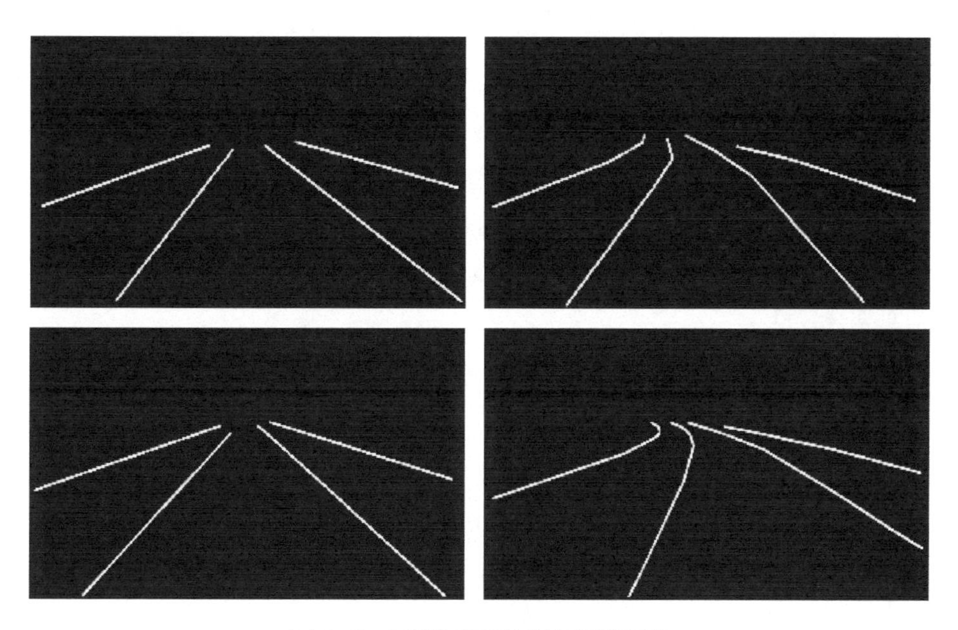

图3-3　二值化车道边缘建议特征图

核心构建块由密集模块（Dense Block）和改进模块（Improvement Block）组成（图3-1）。密集模块增加了特征的容量，改进模块提升了特征的质量，这是密集网络架构中的二值化变体。

密集模块由一个基于输入特征图的二值化卷积通过64个特征通道构成。将这些获得的特征与特征图相连接，将生成320个通道，从而增加特征容量，其中改进模块提升了级联通道的质量。二值化卷积基于320个通道的输入特征映射再次计算64个通道。其中，64个输出通道通过残差与先前计算的64个特征通道相连接，不改变特征图的前256个特征通道。车道边缘的像素二值化分割还用于生成二值化的车道边缘建议特征图，并过滤图像中的一系列无关信息，这使得该网络可以精确地生成车道边缘建议特征图。

（2）编码器

为提取有效的特征信息，基于神经网络强大的特征提取能力，本章将使用深度神经网络从图像中提取特征。即通过使用卷积和反卷积层（转置卷积层）的特征编码器-解码器用于预测任务，如语义分割。为提高预测效率，本章提出的车道边缘建议网络采用了轻量级编码器-解码器架构，将车辆前视图输入解码器中并逐层提取特征。通过解码器逐渐恢复特征图的分辨率，并生成像素级的车道边缘建议特征图。编码器-解码器架构将车道线检测作为语义分割任务。编码器-解码器网络被设计为具有支持相同输入输出大小的能力，整个网络可以以端到端的方式进行训练。为降低计算成本，本章采用深度可分离卷积代替标准卷积，如图3-4所示。

深度可分离卷积由深度卷积和点卷积两个部分组成，具体操作如下。如图3-4（a）所示，内核大小为3的深度卷积层被堆叠用于渐进特征提取。如图3-4（b）所示，每个深度卷积层后面都有一个1×1点卷积层，以实现通道信息聚合效果。

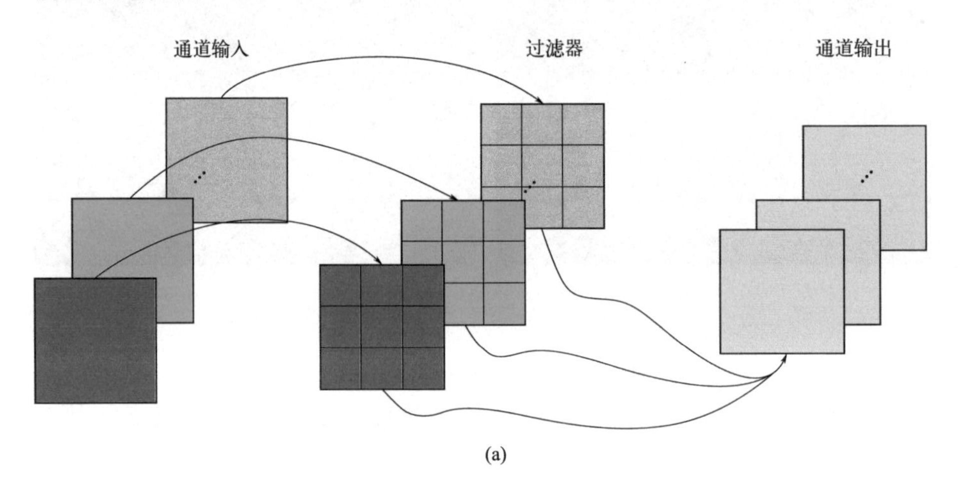

(a)

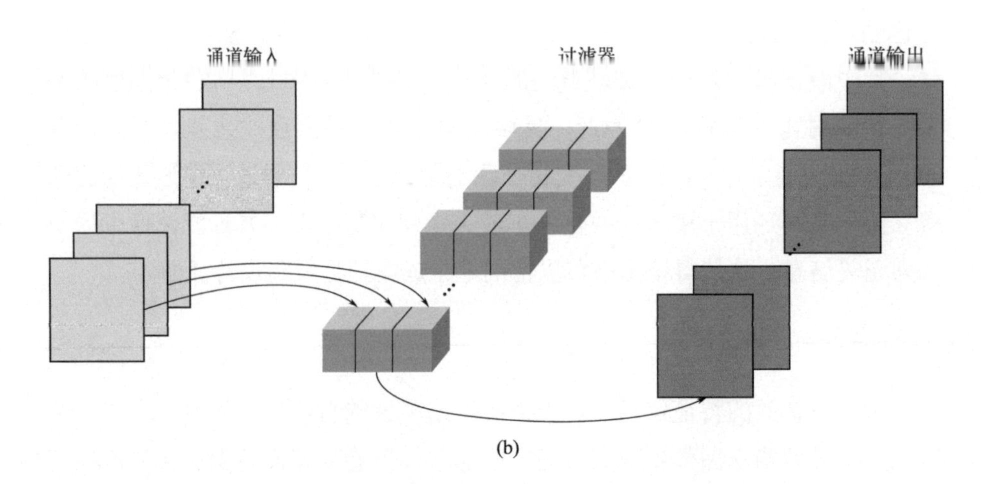

(b)

图3-4　深度可分离卷积由（a）深度卷积和（b）点卷积组成

在编码阶段，通过提取特征并保存上下文信息，可以有效地降低局部外观与车道线相似的对象被预测为车道线的概率。在控制计算成本的同时，编码器由扩展卷积内核、卷积模块（包含三个深度卷积层）和一个1×1点卷积层共同组成。卷积模块中的第一个深度卷积层的扩展速率为1，这对应于标准分离卷积层。剩余的两个深度卷积层引入了扩展卷积核，这样不增加额外的参数或计算成本，但使感受野得到了有效增加，从而适当地平衡了特征提取的效率和有效性。

（3）解码器

为了恢复特征分辨率并生成像素级车道边缘建议特征图，本章设计了一种编码器-解码器结构。尽管反卷积层（转置卷积层）被广泛用于放大中间特征，但它具有计算成本较高和训练困难的缺点。因此，本章通过特征重组采用了轻量级通用上采样算子，它由两部分组成：内核预测模块和重组模块。上采样内核由内核预测模块完成特征提取过程，并由内容感知重组模块完成特征重组。

内核预测分为三个步骤，如图3-5所示。

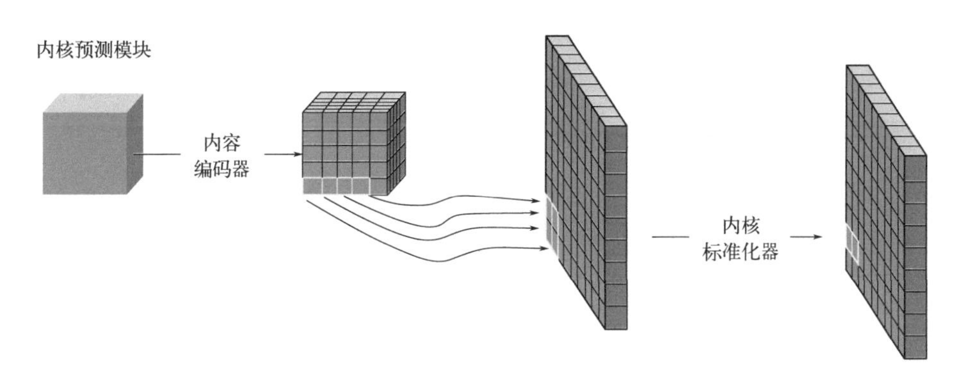

图3-5　内核预测

首先，压缩特征图通道以减少计算量。其次，卷积层用于预测压缩后的输入特征图。最后，执行上采样内核。

内容感知重组分为三个步骤，如图3-6所示。

首先，将输出特征图中的每个位置映射回输入特征图，并移除以其为中心的区域。其次，应用具有上采样内核的点积来预测该点并获得输出值。同一位置的不同通道共享上采样内核，并且在内容编码器中只有卷积内核的参数。因此，CARAFE具有更少的网络参数，这使得网络结构更轻。最后，引

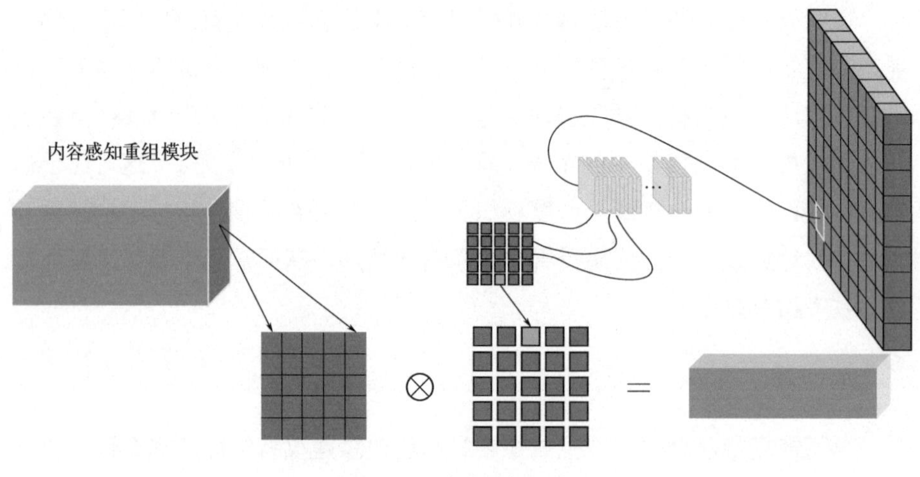

图3-6　内容感知重组

入残差连接来解决梯度消失和权重矩阵退化的问题，以提供高分辨率特征，从而获得更准确的车道边缘建议特征图。

3.2.2　车道线定位网络

在通过车道边缘建议网络获得了准确的车道边缘建议特征图之后，需要利用车道线定位网络对车道线标记进行定位，以达到精确检测车道线的效果。由于车道线类型复杂，很难从特征图中检测车道线。同时，使用卷积神经网络完成车道线检测任务会导致较高的计算成本。因此，本章引入Swin Transformer来代替卷积神经网络，以完成车道线检测任务，其结构如图3-7所示。

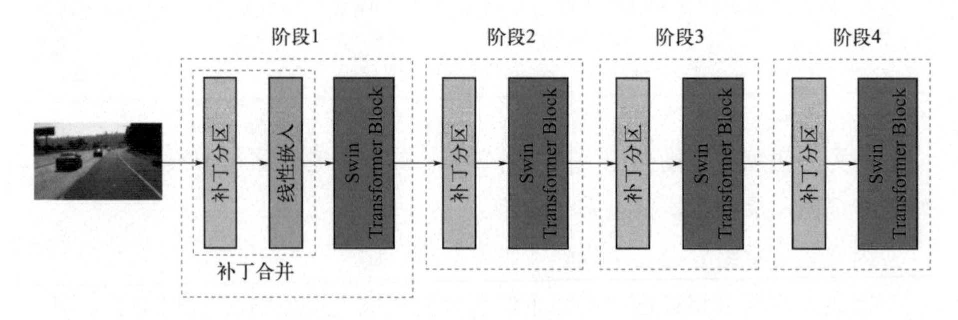

图3-7　Swin Transformer结构

网络框架采用分层设计方法，共分4个阶段。每个阶段都会降低输入特征图的分辨率，目的是逐层扩展感受野。

第1阶段：首先，使用Patch Partition（补丁分区）来切割输入车辆的前视图。其次，利用线性嵌入降低其维数，来实现车辆前视图的下采样，降低分辨率，调整通道数量，并在减少计算量的同时形成层次化设计。最后，上一步的结果通过Swin Transformer Block输出。

第2、3、4阶段：均由Patch Partition和Swin Transformer Block组成。

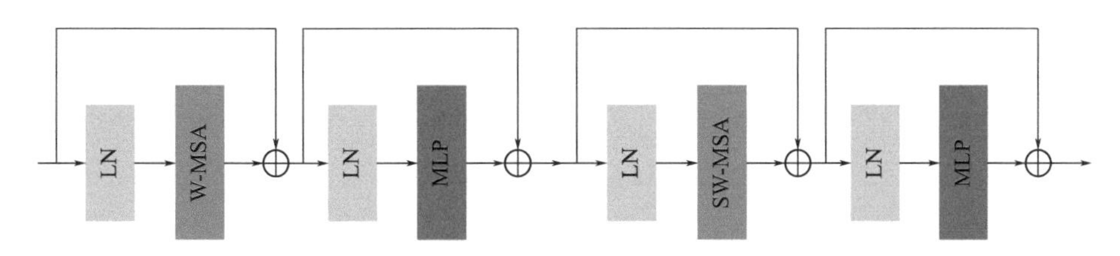

图3-8　Swin Transformer Block结构

如图3-8所示，Swin Transformer Block的核心由窗口多头自注意力层（Window Multi-head Self-Attention, W-MSA）、移位窗口多头自注意力层（Shifted-Window Multi-head Self-Attention, SW-MSA）以及2个MLP组成。在每个MSA模块和每个多层感知机（Multi-Layer Perceptron, MLP）之前利用层归一化（Layer Normalization, LN），并且在每个模块之后应用残差连接。这样可以达到利用W-MSA解决规模问题、利用SW-MSA解决计算复杂性问题的目的。

3.3　训练策略

本章构建端到端的训练神经网络，可以以完全监督的方式训练网络，并通过随机梯度下降进行端到端优化。

3.3.1　车道边缘建议网络

将车辆前视图作为输入，并输出与输入图像相同大小的车道边缘概率图，以完全监督的方式训练参数。每张训练图均提供注释图，其中“1”表示该像素位于车道边缘，“0”表示该像素位于其他位置。通过随机梯度下降进行端到端优化。注释图中，正点的数量远小于负点的数量，因此训练时应控制正负样本权重，同时控制难分类样本和易分类样本的权重。故而引入了

focal loss函数来代替交叉熵损失函数。focal loss函数减小了易分类的样本权重，从而使模型能够集中于难分类的样本。引入p_t简化交叉熵损失，损失函数如式（3-1）所示：

$$\text{CE}(p,y)=\text{CE}(p_t)=log(p_t) \tag{3-1}$$

为减少负样本的影响，在常规损失函数之前增加系数α_t。当y=1时，α_t=α；当label=otherwise时，α_t=1−α。通过控制α的值，可控制正样本和负样本对损失的影响，如式（3-2）、式（3-3）所示：

$$\text{CE}(p_t)=-\alpha_t log(p_t) \tag{3-2}$$

$$\alpha_t=\begin{cases}\alpha & y=1\\ 1-\alpha & \text{其他}\end{cases} \tag{3-3}$$

将式（3-2）、式（3-3）组合以获得式（3-4）：

$$\text{CE}(p,y,\alpha)=\begin{cases}-log(p)\times\alpha & y=1\\ -log(1-p)\times(1-\alpha) & y=0\end{cases} \tag{3-4}$$

引入调制系数（1−p_t）$^\gamma$控制难分类和易分类样本的权重，并获得式（3-5）：

$$\text{FL}(p_t)=-(1-p_t)^\gamma log(p_t) \tag{3-5}$$

当p_t趋于0时，（1−p_t）$^\gamma$趋于1，这对FL（p_t）的贡献更大。当p_t趋于1时，（1−p_t）$^\gamma$趋于0，这对FL（p_t）的贡献较小。通过调整γ值以控制调制系数，因此，可将正样本和负样本的权重以及控制难分类样本和易分类样本的权重统一用式（3-6）来表示：

$$\text{FL}(p_t)=-\alpha_t(1-p_t)^\gamma log(p_t) \tag{3-6}$$

利用该式不仅可以调整正样本和负样本的权重，而且通过调整γ和（1−p_t）$^\gamma$的值还能控制难分类和易分类样本的权重。通过训练，车道边缘建议网络直接生成与输入图像相对应的车道边缘建议特征图，其中每个像素的值表示该像素位于车道边缘的置信度。

3.3.2 车道线定位网络

首先，将输入的车辆前视图切分成不重叠的Patch（被视为Token），其尺寸为4×4，特征维度为4×4×3=48，数量为$\frac{H}{4}\times\frac{W}{4}$（$W$:图像宽度；$H$:图像高度）。Patch Partition将像素分辨率图像转换为与Patch相同的分辨率。此时，原始特征值被输入到线性嵌入中，并投影到任意维度，表示为C。具有修改的自注意力计算的Swin Transformer Block被添加到Token中。车道线定位网络共由四个阶段实现精确定位车道线标记，车道线定位网络的第1阶段由Patch Merging、Swin Transformer Block和线性嵌入构成。其中，Patch Merging层减少了Token的数量，并实现了分层表示。它具体表示为将每组相邻Patch的特征级联，并在4C维特征级联上应用线性层。Token数量为$\frac{H}{8}\times\frac{W}{8}$，缩小了4倍。通过线性嵌入将输出的特征维度由4$C$压缩到2$C$，并输入Swin Transformer Block，在Swin Transformers Block的特征转换过程中，分辨率保持不变。

通过Patch Merging将Patch与第一个Swin Transformer Block构成了该定位网络的第2阶段，并且第3阶段和第4阶段重复第2阶段的过程。这些结果均形成了分层表示，并且通过Swin Transformer处理的特征图的分辨率与使用典型卷积神经网络获得的特征分辨率相同。

考虑到计算复杂性，由于全局MSA计算的复杂度为Token数量的平方，因此在使用大量Token集合来进行密集预测或表示高分辨率图像时，采用全局计算会导致与Token数量相关的二次复杂性，并会降低网络对Token进行密集预测和表示高分辨率图像的适用性。因此，为高效建模，在计算局部窗口内的自注意力时，采用非重叠方式来均匀地划分图像（W-MSA）。MSA模块和W-MSA模块的复杂性计算见式（3-7）、式（3-8）:

$$\Omega(\text{MSA}) = 4HWC^2 + 2(HW)^2C \tag{3-7}$$

$$\Omega(\text{W-MSA}) = 4HWC^2 + 2M^2HWC \tag{3-8}$$

如式（3-7）、式（3-8）所示，当HW的值较大时，使用全局MSA模块的计算不适用。由于W-MSA模块机制中缺少窗口间的连接，限制了模型计算能力，因此引入了跨窗口连接，在连续Swin Transformer Block中的两个分区配置之间交替。

此外，为了保持非重叠窗口的有效计算，使用了SW-MSA划分。Swin Transformer Block计算，如式（3-9）～式（3-12）所示:

$$\hat{z}^{l} = \text{W-MSA}\left(\text{LN}\left(z^{l-1}\right)\right) + z^{l-1} \tag{3-9}$$

$$z^l = \text{MLP}\left(\text{LN}\left(\hat{z}^l\right)\right) + \hat{z}^l \tag{3-10}$$

$$\hat{z}^{l+1} = \text{SW-MSA}\left(\text{LN}\left(z^l\right)\right) + z^l \tag{3-11}$$

$$z^{l+1} = \text{MLP}\left(\text{LN}\left(\hat{z}^{l+1}\right)\right) + \hat{z}^{l+1} \tag{3-12}$$

其中，$\hat{z}^l$表示W-MSA模块的输出特征；z^l表示MLP模块的输出特征。

屏蔽机制用于限制每个子窗口内的自注意力计算，循环移位用于确保批量处理窗口具有与常规窗口相同的分区数量，并且具有较低的延迟，这将具有更好的实时性。为了在不调整训练的超参数以及确保检测精确性的情况下进一步提高模型的表征能力，在式（3-13）中引入了相对位置编码：

$$\text{Attention}(\boldsymbol{Q},\boldsymbol{K},\boldsymbol{V}) = \text{Softmax}\left(\frac{\boldsymbol{Q}\boldsymbol{K}^{\text{T}}}{\sqrt{d}} + \boldsymbol{B}\right)\boldsymbol{V} \tag{3-13}$$

其中，$\boldsymbol{Q}$、$\boldsymbol{K}$、$\boldsymbol{V}\in\mathbb{R}^{M^2}\times$d分别是Query、Key和Value的矩阵；$d$是Query与Key的维度；$M^2$是窗口中Patch的数量；相对位置偏差为$\boldsymbol{B}\in\mathbb{R}^{M^2\times M^2}$。

由于沿每条轴的相对位置在$[-M+1,M-1]$范围内，一个较小尺寸的偏置矩阵$\hat{\boldsymbol{B}}\in\mathbb{R}^{(2M-1)\times(2M-1)}$（$\boldsymbol{B}$中的值取自$\hat{\boldsymbol{B}}$）被参数化，并通过使用不同窗口大小的三次双插值进行微调。通过训练，车辆前视图通过Swin Transformer处理获得车道线参数，逐步预测每条车道线参数及从图像左侧至右侧的置信度分数，当置信度分数低于预定义阈值时，预测终止，即图像中没有更多车道线。

3.4 实验和结果

在本节中，大量实验证明了基于Swin Transformer和改进的LaneNet网络的车道线检测方法的有效性。以下部分主要关注四个方面：①数据集；②超参数设置和硬件环境；③性能评估；④测试结果可视化。

3.4.1 数据集

为了评估该检测方法的有效性，在广泛使用的基准数据集（TuSimple数据集）上进行了实验。TuSimple数据集是在高速公路上有稳定照明条件下收集的，包含72000张带注释的前视图图像。如表3-1所示，为了进一步评估网络检测的鲁棒性，本节还构建了基于CULane的数据集。与TuSimple数据集相比，CULane是一个更具挑战性和更大的数据集，包括正常场景和8个复杂场景，如拥挤、夜间和强光等。新的测试集和训练集重新分配，将整个数据集的80%分为训练集，20%分为测试集。由于测试分区的真实标签不公开，所以训练集保持不变，但该车道线检测方法使用了原始的验证集进行测试。

测试集分为两个子集，即简单样本和具有挑战性的样本，如表3-1所示。对于每个数据集，使用数据集定义的行锚点。具体而言，行锚点的范围从160到710，步长为10。网格单元的数量设置为100。

表3-1　TuSimple和CULane的数据集信息描述

数据集	# 帧	训练	测试	分辨率	# 车道	时间段	环境
TuSimple	72000	57600	14400	1280×720	≤4	白天	高速公路
CULane	133000	106400	26600	1640×590	≤4	白天和夜间	城市、乡村公路，高速公路

3.4.2　超参数设置和硬件环境

将TuSimple数据集的图像大小调整为368×640，以节省内存。在实验中，随机梯度下降（Stochastic Gradient Descent, SGD）用于训练网络，默认超参数如下：GPU的数量为2，Epochs的数量为80000，Batch size大小为32。采用多项式衰减学习率调度策略。初始学习率为0.1，预热步骤数为1000，并且动量和重量衰减分别设置为0.9和0.005。激活功能是LReLU，框架是TensorFlow 1.6。使用GPU（RTX3060 GPU）记录运行时间，并在平均1000个样本的运行时间后获得运行时间的最终值。所有实验均基于NVIDIA RTX3060 GPU和第11代Intel Core i7-11700K平台训练。与TuSimple数据集的场景相比，CULane数据集的场景更具挑战性。

3.4.3　性能评估

采用准确度（Accuracy）、假阳性（False Positive, FP）、假阴性（False Negative, FN）、真阳性率（True Positive Rate, TPR）、假阳性率（False Positive

Rate, FPR)、精确性和F1测量值作为官方评估标准，结果如表3-2、表3-3所示。引用2.6节中式（2-14）～式（2-19）计算相关评价指标。

表3-2 基于TuSimple数据集的TPR和FPR的比较

难度	简单车道（1190车道）			困难车道（1050车道）		
	检测到的	TPR/%	FPR/%	检测到的	TPR/%	FPR/%
ResNet-18	1096	92.12	8.21	965	91.91	9.52
ResNet-34	1112	93.43	6.83	975	92.83	8.31
ENet	1135	95.42	5.11	997	94.92	7.14
SCNN	1140	95.83	4.62	1002	95.41	7.42
LaneNet	1138	95.64	4.51	998	95.03	7.33
ST-LaneNet	1160	97.53	3.82	1032	96.83	6.82

表3-3 基于CULane数据集的TPR和FPR的比较

难度	简单车道（1190车道）			困难车道（1050车道）		
	检测到的	TPR/%	FPR/%	检测到的	TPR/%	FPR/%
ResNet-18	1096	90.08	9.86	965	88.94	11.05
ResNet-34	1112	91.24	8.45	975	89.56	10.07
ENet	1135	92.89	6.95	997	91.06	8.51
SCNN	1140	93.15	5.67	1002	91.42	7.03
LaneNet	1138	93.03	5.42	998	91.23	7.22
ST-LaneNet	1160	94.87	4.15	1032	93.17	5.97

真阳性（TP）：实例为正类且被预测为正类，即真阳性数目。假阳性（FP）：实例为负类且被预测为正类，它是一个负类，即假阳性数目。假阴性（FN）：实例为正类且被预测为负类，即假阴性数目。真阴性（TN）：实例是负类且被预测为负类，即真阴性数目。真阳性率（TPR）＝检测到的车道线数/目标车道线数，表示网络预测为正类中实际为正实例占所有正实例的比例。假阳性率（FPR）=错误预测的数量/目标车道线的数量，表示网络预测为正类中实际为负实例占所有负实例的比例。

每条车道线只检测一次，车道线总数的过估计和估计不足都是不可取的。例如，多次检测虚线车道线将导致假阳性率较高，而将多条车道线检测为一条车道线将降低真阳性率。同时，选取了多种典型车道线检测网络并与该方法提出的网络进行性能比较，比较结果如表3-2、表3-3所示。

表3-4 TuSimple测试集上不同算法的性能

算法	验证准确度/%	测试准确度/%	FP	FN
ResNet-18	93.12	94.38	0.0935	0.0813
ResNet-34	93.43	95.11	0.0906	0.0785
ENet	94.62	95.98	0.0875	0.0716
LaneNet	97.12	98.08	0.0706	0.0212
SCNN	97.22	98.12	0.0598	0.0173
ST-LaneNet	97.81	98.85	0.0565	0.0165

根据表3-4中的数据，与其他典型的车道线检测网络相比较，ST-LaneNet的真阳性率较高，假阳性率较低。根据表3-5、表3-6中的数据，ST-LaneNet的性能与其他典型车道线检测网络相比均略有提升。其中，表3-5显示了不同类别场景的F1的数值。在十字路口的场景中显示的数值为FP的数值。

表3-5 CULane测试集上不同算法的性能

类别	ResNet-18	ResNet-34	ENet	LaneNet	SCNN	ST-LaneNet
普通	90.4	90.4	91.3	91.8	90.6	93.1
拥挤	65.4	67.8	68.3	70.5	69.7	74.1
强光	87.4	60.3	61.1	60.2	58.5	70.6
阴影	65.6	68.1	67.2	67.4	66.9	78.3
无车道线	40.8	42.7	43.5	44.7	43.4	50.3
含有箭头	83.7	84.2	85.2	85.3	84.1	84.9
弯曲	61.4	62.3	63.9	65.2	64.4	65.3
十字路口	1845	1985	2045	2006	1990	1887
夜间	64.7	65.9	67.2	67.5	66.1	69.2
全体	70.5	71.4	72.1	72.6	71.3	74.8
每秒帧数/Hz	25.9	37.5	50.3	48.9	58.0	63.9

表3-6 推理时间、每秒帧数和模型大小的比较

网络	推理时间/ms	每秒帧数/Hz
ResNet-18	27.2	30.9
ResNet-34	53.2	40.3

续表

网络	推理时间/ms	每秒帧数/Hz
ENet	18.8	61.5
SCNN	135.8	29.6
LaneNet	19.5	63.6
ST-LaneNet	17.8	64.8

由于在十字路口的场景中没有直线，任何预测点都是误报。尽管ResNet-18和ResNet-34的模型容量更大，但其性能却略低于ST-LaneNet，这是由于ResNet-18与ResNet-34仅使用空间上采样作为解码器。综上所述，本章提出的ST-LaneNet网络具有更短的推理时间、更小的延迟和更小的模型尺寸，这意味着ST-LaneNet具有更快的图像传输速度和车道线检测速度。本节中ENet、SCNN、LaneNet和ST-LaneNet训练的损失函数图像如图3-9所示，其中ST-LaneNet网络在训练过程中较其他网络损失函数下降最快，且最终损失函数数值最小。因此，ST-LaneNet具有更精确的优点。与SCNN相比，ST-LaneNet的参数数量大大减少，运行速度大大提高，证明了ST-LaneNet的有效性。

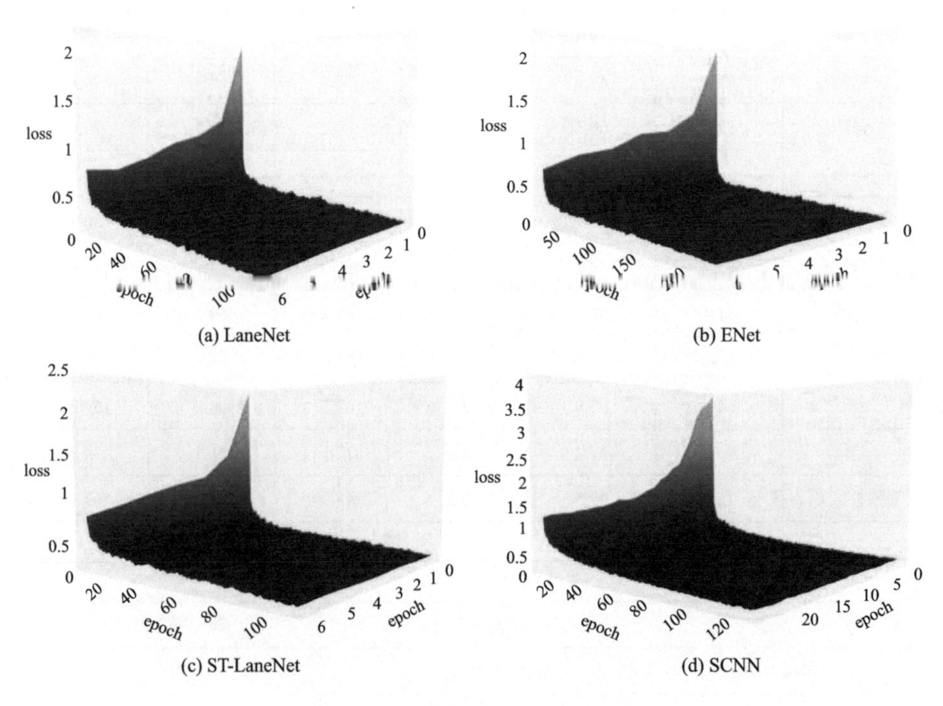

图3-9　网络训练损失函数图像

3.4.4 测试结果可视化

基于深度神经网络的车道边缘建议网络具有较强的上下文信息提取能力，在较大的上下文区域进行决策的深度神经网络检测方法，使得道路上的交通标志误报检测出现概率较低，因此，在各种场景下进行车道线检测具有鲁棒性。在不依赖于车道线的形状和数量的条件下，车道线定位网络检测的准确性有所提升，证明了车道线定位网络在应对各类道路场景时的有效性。

(a) 车道线预测与原始图像重叠

(b) 白色车道线预测

图3-10

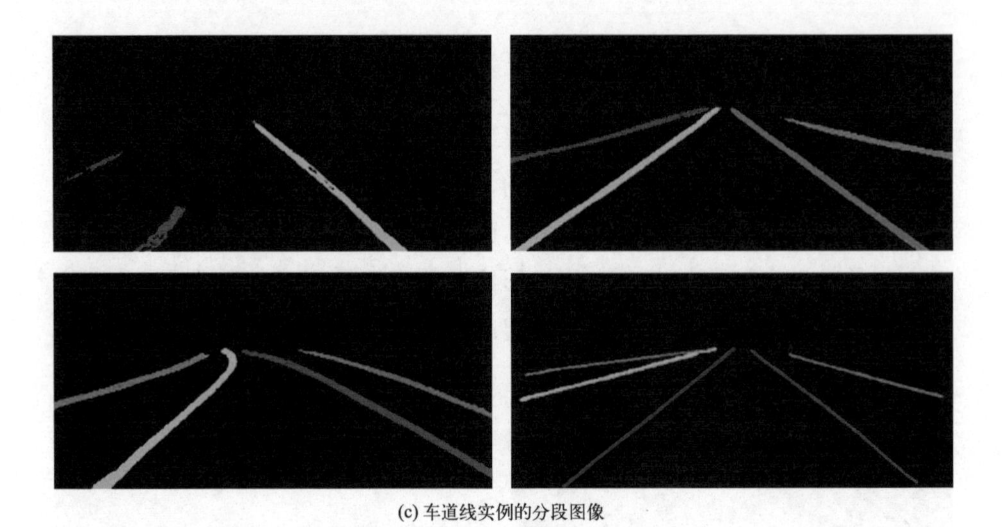

(c) 车道线实例的分段图像

图3-10　基于TuSimple数据集不同算法测试的性能

车道边缘建议网络和车道线定位网络共同构成了车道线检测网络。图3-10显示了基于TuSimple数据集不同算法测试的性能。根据图3-10，在SCNN（从左到右，第一幅图）检测场景中车道线笔直，光线条件良好，车道线标记有缺陷，车道线检测效果不佳。在LaneNet（从左至右，第二幅图）车道线检测场景中，车道线笔直，光线条件良好，车道线检测效果良好，车道线标记完好。在基于ST-LaneNet（从左到右，第三幅和第四幅图）检测的场景中，光线条件正常，车道线检测效果良好，车道线标记完好。综上所述，LaneNet检测效果优于SCNN检测效果；在三种车道线检测方法中，ST-LaneNet的检测效果最好。

此外，由于车道线的固有结构，基于分类的网络较易导致过度填充训练集，并在测试集上表现不佳。此外，在有行驶车辆或其他物体遮挡车道线的图像场景中，车道线的检测效果降低。

为了防止这种现象，并使网络获得强大的泛化能力，本章采用了一种由旋转、垂直和水平移动组成的图像增强方法。为了保持车道线结构的完整性，将数据集中的图像进行了水平翻转，如图3-11所示。图中，红色椭圆表示图像增强效果。此外，基于CULane数据集对ST-LaneNet进行测试，测试性能如图3-12所示。

根据图3-12，由于十字路口没有车道线标记，检测结果为无，如图（f）所示。各场景中的第一行表示输入（在挑选了八种具有代表性且具有挑战性的场景的同时，每种场景中选取了四张具有代表该场景能力的图

(a) 原始图像

(b) 采用图像增强方法以保持车道线结构

图3-11 图像增强效果图

片），各场景中的第二行表示聚类后的实例分割。其中，图（a）代表车道线中含有箭头的场景；图（b）代表拥挤不堪、车流量较大的场景；图（c）代表车道线为曲线的场景；图（d）代表在强光照射下的车道线场景；图（e）代表夜晚车道线的场景；图（f）代表没有车道线标记的场景；图（g）代表日常交通车道线的场景；图（h）代表车道线被阴影遮挡的场景。根据图3-12，在八种典型车道线场景下，ST-LaneNet网络能够较好地完成车道线检测任务。结果表明，ST-LaneNet车道线检测网络可以在多种场景下实现车道线检测。

(a) 含有箭头

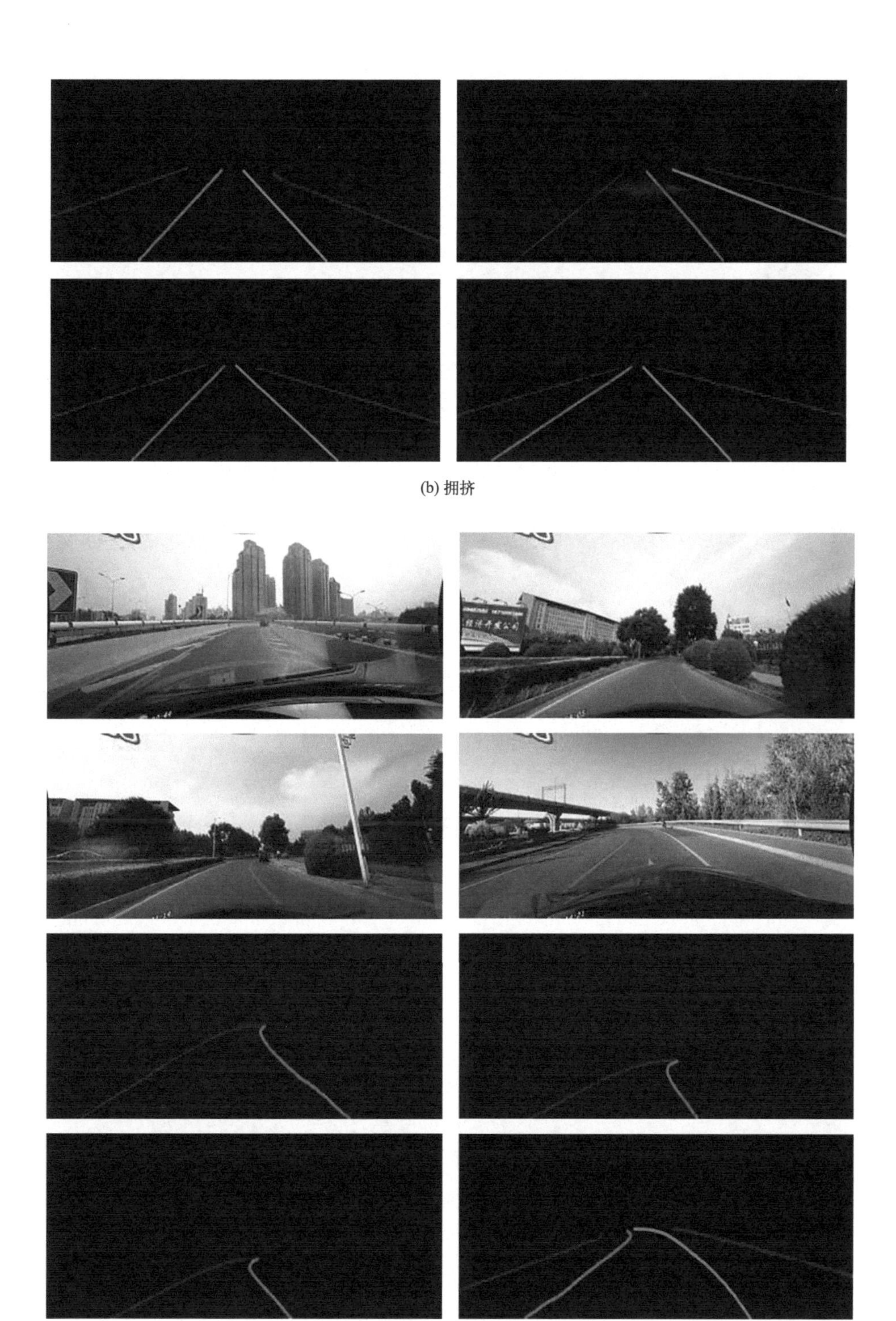

(b) 拥挤

(c) 弯曲

图3-12

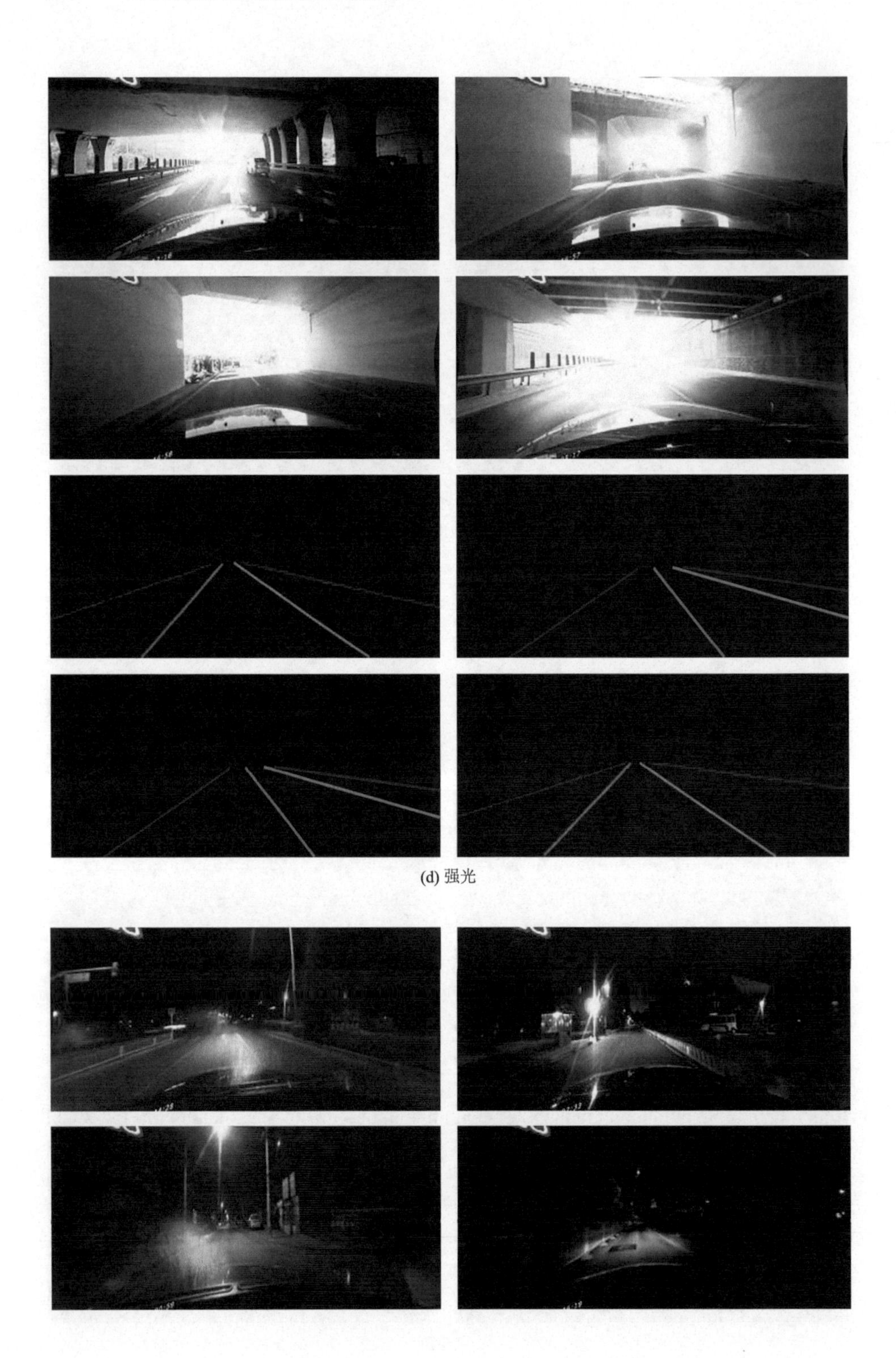

(d) 强光

(e) 夜间

(f) 无车道线

图3-12

(g) 日常

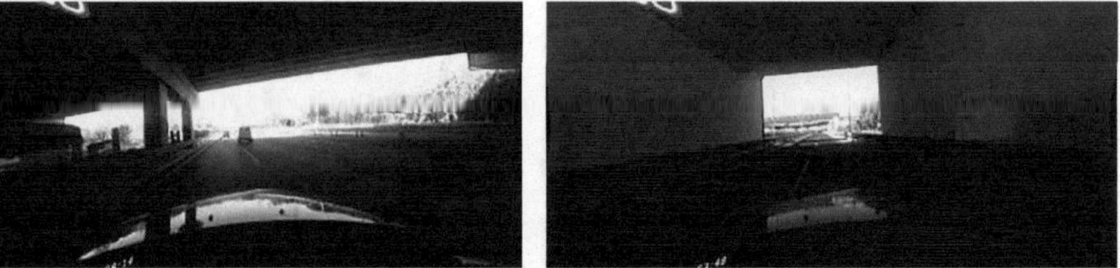

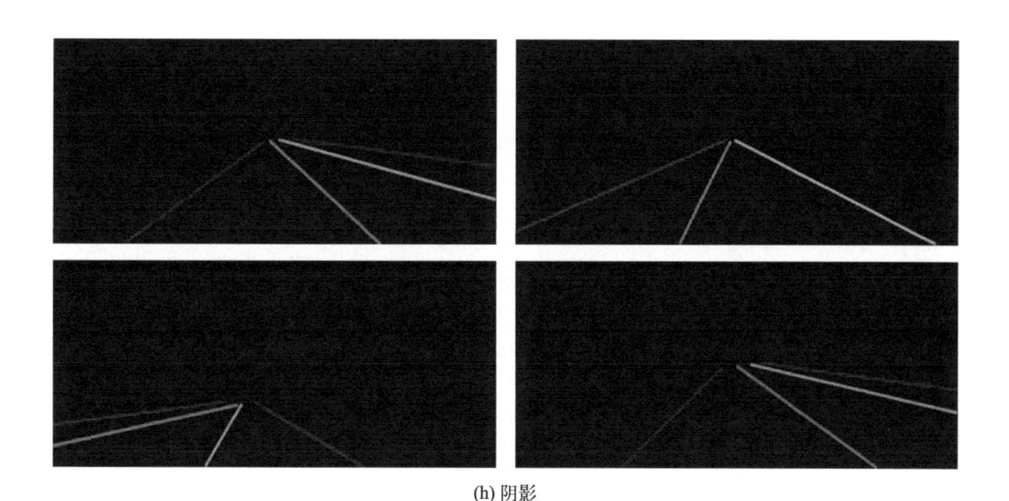

(h) 阴影

图3-12 基于CULane数据集对ST-LaneNet测试的效果图

本章小结

① 本章提出了一种ST-LaneNet——基于Swin Transformer和改进LaneNet的车道线检测方法。基于TuSimple数据集以及CULane数据集对ST-LaneNet进行训练，实现了在车道线检测任务中较好地检测出车道线并完成标记，同时显著地提升了检测速度、检测效率、检测准确性以及网络的鲁棒性，并解决了在没有视觉线索的车道线场景中的检测问题。

② 该方法由两部分组成。一部分是基于车道边缘建议网络的车道边缘建议特征提取。在该部分中，标准卷积被深度可分离卷积代替，以降低计算成本；特征重组采用了轻量级通用上采样算子，使网络轻量级，恢复特征分辨率，最终生成像素级车道边缘建议特征图。另一部分，将基于传统卷积神经网络的车道线定位网络替换为基于Swin Transformer的车道线定位网络，实现车道线的精确定位，获得车道线定位特征图。最后，通过实验对该方法提出的车道线检测网络进行了测试。

③ 通过基准测试，可以验证该车道线检测方法在各种典型场景下完成检测任务时能够确保网络的鲁棒性。缺点是该车道线检测方法没有考虑夜间场景和极端天气场景中的检测任务，同时由于是采用单帧图像

输入完成车道线检测任务，检测效率虽然较高，但是检测精确性较为有限。因此，本书在第4章中提出了一种基于深度混合网络的连续多帧驾驶场景的鲁棒车道线检测方法，以实现更准确、更高效、使用更广泛的车道线检测方法。

第4章

基于深度混合网络的连续多帧驾驶场景的鲁棒车道线检测技术

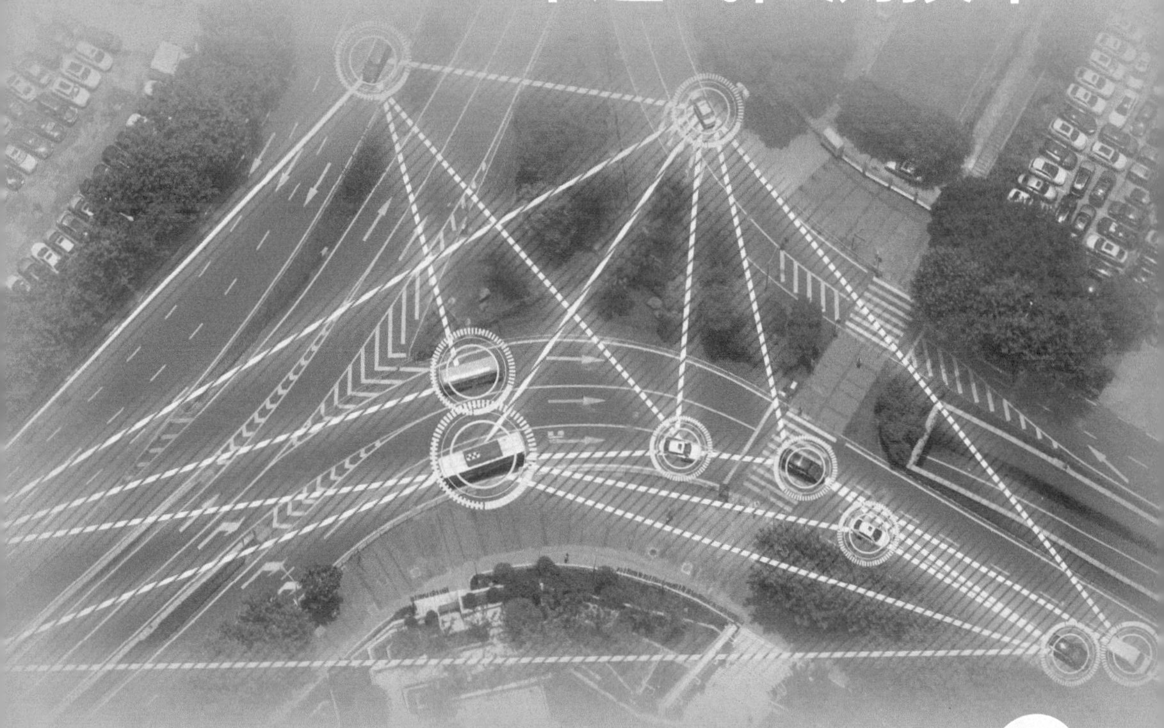

在车道线检测任务中，众多学者已经提出了检测鲁棒性更高的基于深度学习的各种车道线检测网络。与传统车道线检测网络相比，基于深度学习的车道线检测网络的性能显著提高，但计算成本却大大增加。此外，在特征提取过程中，由于是单帧图像的特征提取，场景信息将丢失较多，这不利于通过预训练来提高网络的检测性能。基于上述问题，本章采用一种基于深度混合网络的连续多帧驾驶场景的鲁棒车道线检测方法来完成车道线检测任务。

4.1 系统概述

车道线由道路上的实线和虚线组成。车道线检测任务可通过基于图像中场景信息的几何建模或语义分割来完成。然而，由于多数基于深度学习的车道线检测网络在具有挑战性的场景下（如严重阴影、标记退化和车辆遮挡）的鲁棒性不佳，无法应用于高级驾驶辅助系统（Advanced Driver Assistance System, ADAS）。此外，单个图像中存在的信息不足以支持鲁棒车道线检测。事实上，在实际驾驶场景中，车辆摄像头拍摄的图像是连续的，因此，当前帧图像序列中的车道线通常与前一帧中的车道线相重叠，这使得可以通过时空序列预测来完成车道线检测。为了解决具有挑战性的场景中车道线检测的鲁棒性不佳问题，本章采用预测递归神经网络（Predictive Recurrent Neural Network, PredRNN）来完成多帧图像车道线检测任务，它具有能够执行连续信号处理、序列特征提取和集成等功能。

基于自编解码器（Masked Autoencoders, MAE）的网络架构在处理大规模图像任务方面具有巨大的优势，因此，二者的结合将大大增强网络的语义分割能力。故本章提出一种新的深度混合网络，该网络以MAE为主要框架，并集成了预测递归神经网络，它可实现驾驶场景的连续多帧图像序列的检测任务。

改进的MAE网络和PredRNN网络集成到端到端可训练网络中，其网络架构如图4-1所示。首先，将输入的每张图片切分成若干图像补丁，并在每张图片上随机取少量的图像补丁，其余的图像补丁全部遮盖。将未被盖住的图像补丁输入编码器中，通过解码器输出获得每一个输入的图像补丁相应的特征。再将这些获得的特征拉长，并把那些被遮盖的图像补丁重新放入原先的位置，获得一张掩码图，将掩码图输入PredRNN网络。最后通过解码器生成用于车道线预测的概率图，并通过概率图获得相关场景信息以完成车道线检测任务。

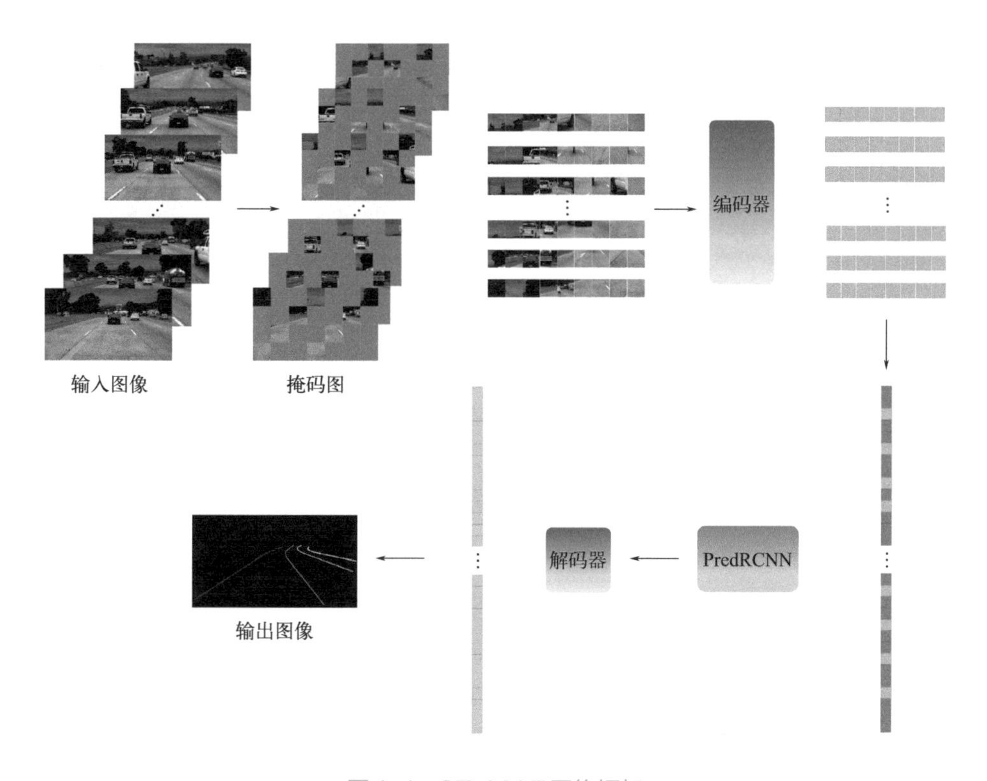

图4-1　ST-MAE网络框架

4.2　网络设计

4.2.1　优化的MAE网络

本章提出的基于连续多帧图像序列的车道线检测网络是在传统车道线检测网络上基于MAE的框架进行优化得到的。MAE是一种简单的自动编解码网络，它基于原始信号的部分观察结果来重建原始信号。与所有自动编解码网络类似，MAE包括编码器和解码器，编码器的功能是将观察到的信号映射到潜在表示，解码器的功能是基于潜在表示重建原始信号。然而，与经典的自动编解码网络不同，MAE采用了非对称设计，该设计允许编码器仅对部分观察到的信号（无掩码标记）进行操作，并使用轻量级解码器来重建信号，该解码器再利用潜在表示和掩码标记来重新构造完整信号。

4.2.2 掩码技术

首先，将图片（尺寸：1280像素×720像素）分割为规则的非重叠图像补丁。然后，对部分图像补丁进行采样，并屏蔽（即移除）剩余的补丁。

采样策略：在不替换的情况下随机采样，遵循均匀分布，称之为“随机抽样”。具有高掩蔽率的随机采样在很大程度上消除了冗余，并且均匀分布可以防止潜在的中心偏移（即图像中心附近存在更多掩码图像补丁）。

最后，高度稀疏的输入为设计高效的编码器提供了可能，其效果如图4-2所示。

4.2.3 基于MAE架构的编解码器网络

受SegNet、UNet和LaneNet在语义分割中成功使用编码器-解码器架构以及开发自注意力机制Transformer的启发，近年来，Swin Transformer和自动编码器在计算机视觉领域发展迅速。该方法基于自动编码器框架，提出了一种编码器-解码器网络，通过将Swin Transformer Block嵌入到编码器-解码器中来替代原有的Transformer Block。为完成车道线检测任务，本章所提方法基于编码器-解码器结构搭建了一个深度混合网络，以完成语义分割任务。由于编码器-解码器网络支持相同尺寸的输入和输出，这使得整个网络能够以端到端的方式训练。在编码器部分，Swin Transformer Block用于图像提取和特征提取。在解码器部分，使用另一个Swin Transformer Block完成上采样，以获得和突出目标信息，并对其进行空间重建，最终实现车道线检测。

编码器：如图4-3所示，本章的方法提出了一种基于Swin Transformer的编码器，将经过掩码操作后的图像补丁作为输入，其尺寸为180像素×160像素。经过Patch Partition后图像块的尺寸为45像素×40像素×48像素，并通过线性嵌入，将向量的维度C设置为96，图像尺寸设置为45像素×40像素×48像素。为捕获多尺度特征，该方法构建了层级式Swin Transformer Block，并进行了Patch Partition操作。通过一个张量，将相邻的图像块合并成一个较大的图像块，以实现下采样特征图的效果。此时，窗口中的相同信号将被合并。通过以上操作，空间大小减半，通道数量加倍。

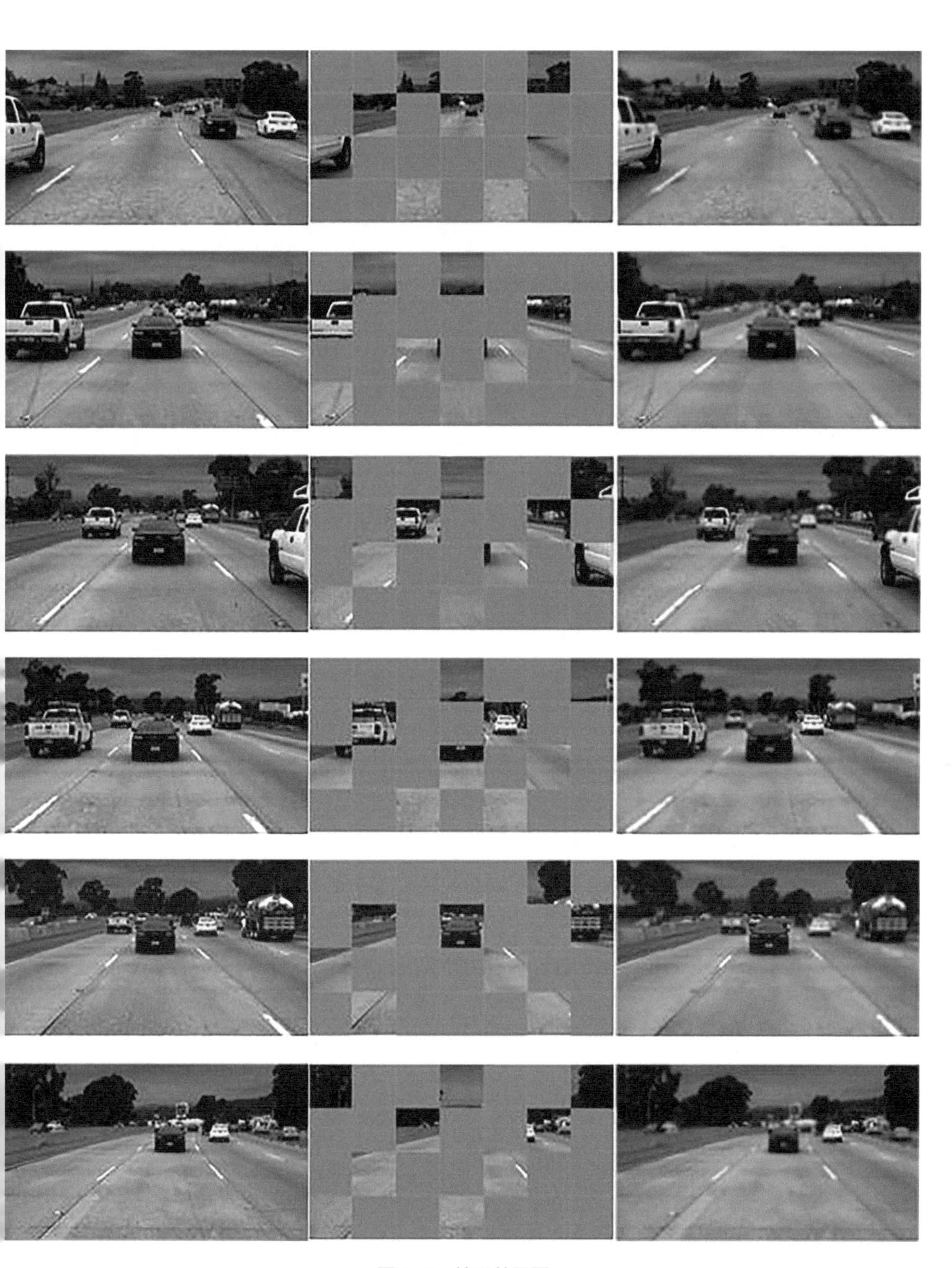

图4-2　掩码效果图

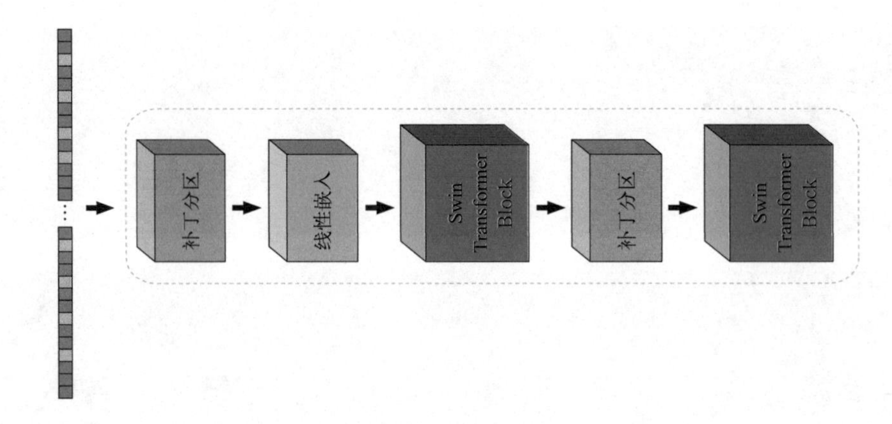

图4-3 编码器结构

为了提高特征提取的效率并降低计算的复杂度，Swin Transformer基于移位窗口来计算自注意力，Swin Transformer Block如图4-4所示。

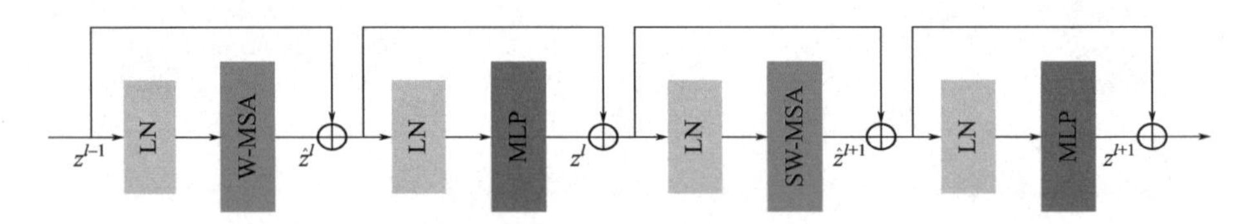

图4-4 Swin Transformer Block结构

全局自注意力的计算将导致复杂度呈平方增长，在完成视觉下游任务时，尤其是密集预测或表现高分辨率图片时，会导致计算成本过高。因此，使用移位窗口计算代替全局自注意力计算。如图4-5所示，将图片均匀地分割成不重叠的窗口。图像补丁为最小的计算单元。每个窗口内有$M \times N$个图像补丁。在默认情况下，M和N为5，并在72个窗口里计算自注意力。自注意力的计算公式如下：

$$\Omega(\text{MSA}) = 4HWC^2 + 2(HW)^2 C \tag{4-1}$$

$$\Omega(\text{W-MSA}) = 4HWC^2 + 2MNHWC \tag{4-2}$$

式（4-1）为标准自注意力计算，每张图像的补丁数为$H \times W$，C为特征维度。式（4-2）为基于窗口自注意力计算。通过一个标准自注意力头，将输入转换为三个矩阵——$\boldsymbol{Q}$矩阵、$\boldsymbol{K}$矩阵和$\boldsymbol{V}$矩阵，即原始输入向量分别乘以三个系数矩阵所得。获得$\boldsymbol{Q}$矩阵和$\boldsymbol{K}$矩阵后，将这两个矩阵相乘以获得自注意力矩阵$\boldsymbol{A}$，随后再将该矩阵与$\boldsymbol{V}$矩阵相乘，相当于一次加权。最后，通过线性投影将原始向量维度投影到目标维度，如图4-5所示。

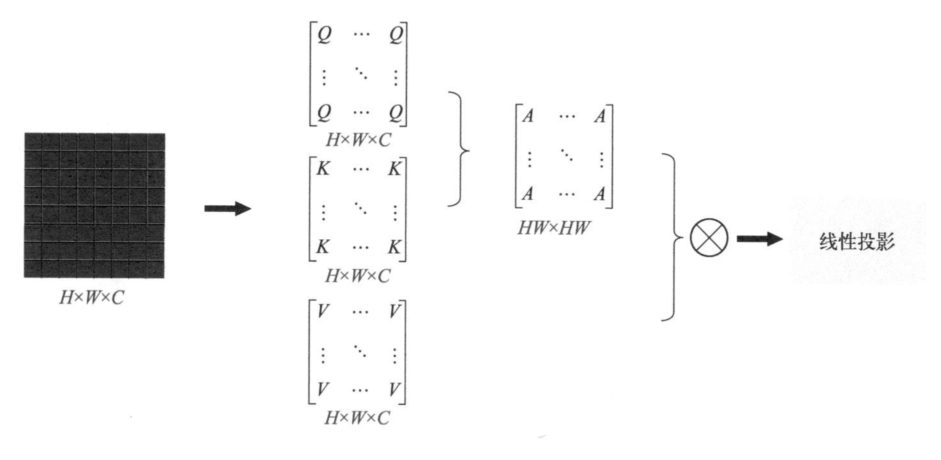

图4-5　标准自注意力计算

输入向量（尺寸：$H \times W \times C$）分别乘以三个系数矩阵得到$\boldsymbol{Q}$、$\boldsymbol{K}$和$\boldsymbol{V}$三个矩阵；该层的复杂度为$3 \times HW \times C^2$。再将$\boldsymbol{Q}$和$\boldsymbol{K}$矩阵相乘，得到维数为$HW \times HW$的自注意力矩阵$\boldsymbol{A}$，复杂度为$(HW)^2 \times C$。当自注意力矩阵$\boldsymbol{A}$与$\boldsymbol{V}$矩阵相乘时，复杂度保持不变。因此，该层的复杂度为$2(HW)^2 \times C$。最后一层投影线性层的复杂度是$HW \times C^2$。因此，总复杂度为$4HWC^2+2(HW)^2C$。由于各窗口均计算多头自注意力，所以直接代入式（4-1）。此时特征图的高度和宽度均发生了变化，H变为M，W变为N，此时一个窗口内的复杂度为$[4M \times N \times C^2 + 2(M \times N)^2 \times C]$。窗口的数量为$\left(\frac{H}{M} \times \frac{W}{N}\right)$。因此，总窗口内计算自注意力的复杂度为$\left(\frac{H}{M} \times \frac{W}{N}\right) \times [4M \times N \times C^2 + 2(M \times N)^2 \times C] = 4HWC^2 + 2MNHWC$。

通过计算发现式（4-1）和式（4-2）的计算复杂度相差较大。然而，虽然基于窗口的自注意力计算解决了计算复杂度过高的问题，但由于窗口之间没有交集，这将导致全局建模能力的缺失。因此，引入移位窗口计算不仅控制了计算复杂度，而且具备了全局建模的能力。移位窗口的计算公式如式（4-3）～式（4-6）所示：

$$\hat{z}^{l} = \text{W-MSA}\left(\text{LN}\left(z^{l-1}\right)\right) + z^{l-1} \tag{4-3}$$

$$z^{l} = \text{MLP}\left(\text{LN}\left(\hat{z}^{l}\right)\right) + \hat{z}^{l} \tag{4-4}$$

$$\hat{z}^{l+1} = \text{SW-MSA}\left(\text{LN}\left(z^{l}\right)\right) + z^{l} \tag{4-5}$$

$$z^{l+1} = \mathrm{MLP}\left(\mathrm{LN}\left(\hat{z}^{l+1}\right)\right) + \hat{z}^{l+1} \tag{4-6}$$

其中，$\hat{z}^l$和z^l分别表示Block l的基于自注意力机制的移位窗口模块和MLP模块的输出特征。然而，存在通过移位窗口计算划分的窗口的大小与通过窗口计算划分窗口的大小不同的问题。若将周围不同尺寸的窗口均填补为与中间最大窗口的尺寸相同，则计算成本和复杂度会大幅增加。其中，复杂度经计算增加了2倍有余。因此，为了减少计算成本，保证计算窗口数目不变，将以掩码的方式进行复杂度计算，如图4-6所示。

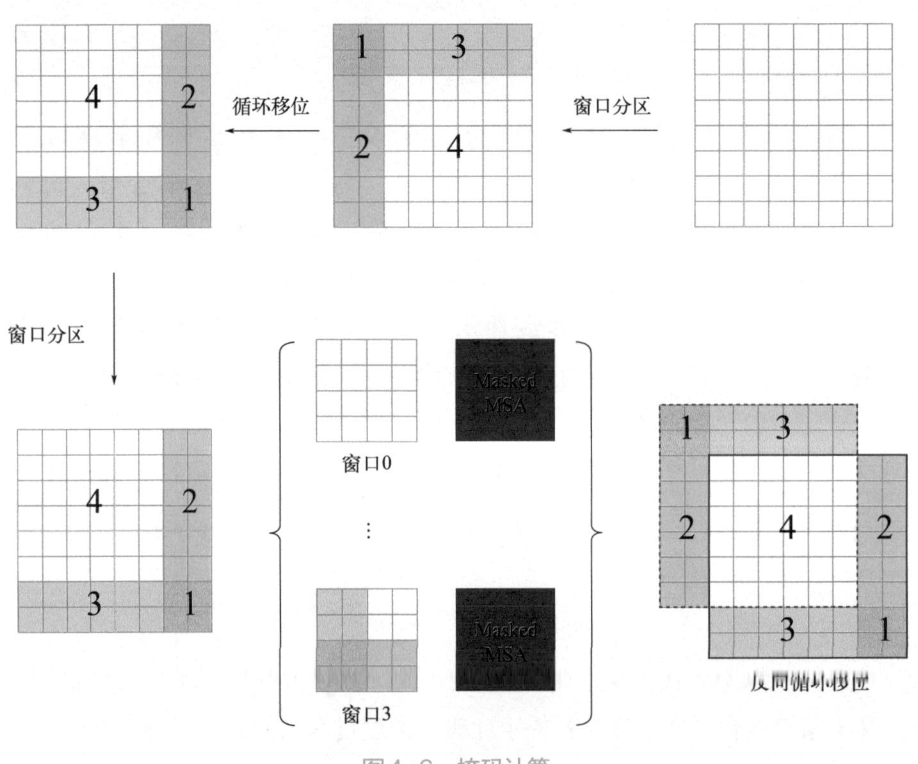

图4-6　掩码计算

划分窗口后，制作一个循环移位窗口，将原始窗口1和3的位置移动到图中所示的位置。经过循环移位后，原始窗口的位置逆时针旋转180°。移位前后的窗口数目保持一致，这使得计算复杂度控制不变。为解决在相邻窗口之间计算自注意力的问题，通过掩码计算自注意力。完成计算后将经掩码操作的图片补丁恢复，以避免信息丢失。窗口掩码计算可视化如图4-7所示。

将图片均匀地分为四个窗口。窗口0中的图像补丁可以计算两者之间的自我关注。由于窗口1、2和3中的部分图像补丁分别来自不同的区域，故不

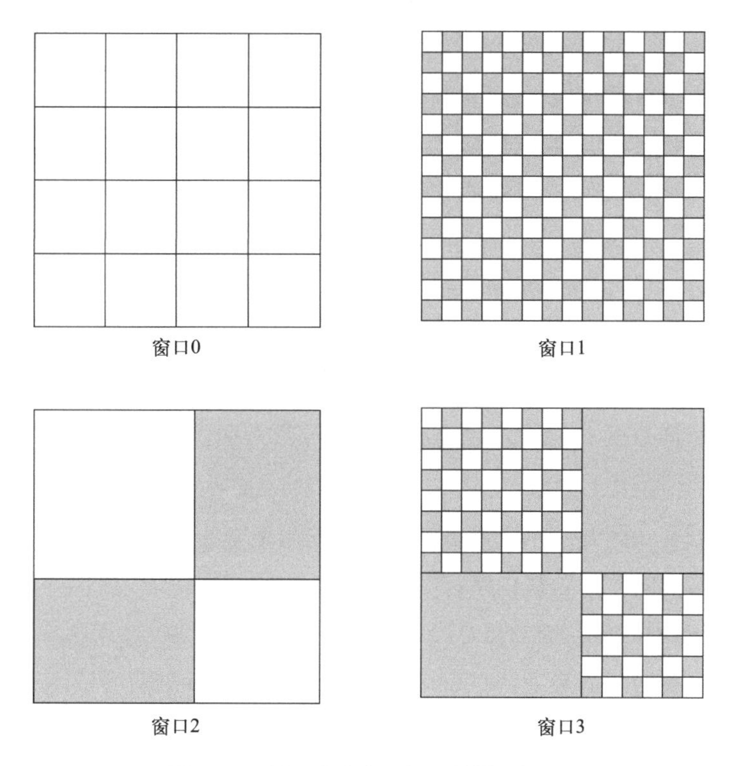

图4-7　循环移位窗口掩码计算可视化

可能完成两者之间的自注意力计算。因此，先通过覆盖不同区域的图像补丁，再进行计算。完成计算后，通过Softmax函数，再进行分类操作。

解码器：解码器用于重构被掩码操作的图像补丁的像素信息。编码器将没有被掩码操作的图像补丁转换为潜在表示。所有被掩码操作的图像补丁均由可以学习的共享向量表示，即每个被掩码操作的补丁都表示为相同的向量且具备学习能力，并获得相应的数值。解码器是由另一个Swin Transformer Block构成，同时添加位置信息以区分对应的被掩码操作的图像补丁。使用相对较小的解码器，这使得计算成本能达到不足编码器的10%。解码器的最后一层为线性层，其功能是将图像补丁中的像素投影到同一个维度，再完成重构过程，重构后的图像尺寸与原始图像尺寸大小相同以获得原始像素信息。损失函数采用均方误差（Mean Squared Error, MSE），以使每个被掩码操作的图像补丁中的像素的平均值为0，方差为1，这使得数值波动幅度较小，更加稳定。随后与原始像素作差，其结果作平方求和，并且仅在被掩码操作的图像补丁上使用MSE。在生成了一些由Token构成的列（该列即每个图像补丁附上位置信息的线性投影）后，将随机信息打乱以完成随机采样。当完成解码任务时，恢复到原始图像补丁的顺序，以便于在计算误差时与先前的原始图像补丁（即未执行任何操作的图像补丁）一一对应。

PredRNN：驾驶场景的多个连续帧被建模为时间序列。建议网络中的PredRNN模块接收编码器Swin Transformer在每一帧图像上提取的特征图作为输入。为了处理各种时间序列数据，学者们已提出了不同类型的RNN网络，如LSTM（Long Short-Term Memory）和门循环单元（Gate Recurrent Unit，GRU）。使用时空长短时记忆网络（Spatiotemporal Long Short-Term Memory, ST-LSTM），通过网络中的单元（cell）来判断信息是否重要。在遗忘不重要信息的前提下其记住基本特征的能力通常优于传统的RNN网络。由于传统的全连接LSTM（Full Connect LSTM, FC-LSTM）的计算能力有限，导致效率低下，因此，本章方法在所提出的网络中使用了ST-LSTM，它广泛用于以端到端的方式训练网络和时间序列数据的特征提取。ST-LSTM的单元（cell）在t时刻的激活如式（4-7）所示。在式（4-7）中，C和M单元均被保留，C_t为标准的时间单元，在每个ST-LSTM单元内从之前的节点$t-1$传输到当前时间步长。l层的M_t是描述的时空记忆，它在同一时间步长内从$l-1$层垂直传输到当前节点。

$$\begin{aligned}
g_t &= \tanh(W_{xg} \times X_t + W_{hg} \times H_{t-1}^l + b_g) \\
i_t &= \sigma(W_{xi} \times X_t + W_{hi} \times H_{t-1}^l + b_i) \\
f_t &= \sigma(W_{xf} \times X_t + W_{hf} \times H_{t-1}^l + b_f) \\
C_t^l &= f_{te} C_{t-1}^l + i_{te} g_t \\
g_t' &= \tanh(W_{xg}' \times X_t + W_{mg} \times M_t^{l-1} + b_g') \\
i_t' &= \sigma(W_{xi}' \times X_t + W_{mi} \times M_t^{l-1} + b_i') \\
f_t' &= \sigma(W_{xf}' \times X_t + W_{mf} \times M_t^{l-1} + b_f') \\
M_t^l &= f_{te}' M_t^{l-1} + i_{te}' g_t' \\
o_t &= \sigma(W_{xo} \times X_t + W_{ho} \times H_{t-1}^l + W_{co} \times M_t^l + b_0) \\
H_t^l &= o_{te} \tanh\left(W_{1\times1} \times \left[C_t^l, M_t^l\right]\right)
\end{aligned} \tag{4-7}$$

在$t-1$时刻，最后一层的M将传播到t时刻的第一层，为M_t构造另一组门结构，同时保留C_t的原始门控制机构。最后，该节点的最终隐藏状态取决于融合的时空记忆。将这些来自不同方向的内存连接起来，并应用1×1卷积层完成降维工作，这使得隐藏状态H_t具有与记忆单元相同的维度。与简单的记忆拼接不同，ST-LSTM单元使用两种记忆类型的共享输出门实现无缝记忆融合，可以有效地对时空序列中的形状变形和运动轨迹完成建模。在网络中，ST-LSTM输入和输出的大小等于编码器生成的特征图的大小。

4.3 训练策略

为了达到精确预测的效果，建立了可以以端到端的方式训练的深度混合网络，并通过反向传播过程对网络进行训练。在反向传播过程中，更新深度混合网络的权重参数。首先，在ImageNet上对所提出的网络进行预训练，并使用预训练权重进行初始化，这不仅节省了训练时间，而且将适当的权重传递给所提出的网络。未进行预训练权重初始化训练的测试精确性与进行预训练权重初始化训练的较为接近，但前者需要更多的时间。在本章所提方法中，网络的输入为各种驾驶场景的N张连续的图像序列，因此，在反向传播中，ST-LSTM每次权重更新的系数应该除以N。在实验中，将N设置为6。其次，基于加权交叉熵构建损失函数，以解决具有区分性的分割任务：

$$\varepsilon_{\text{loss}} = \sum_{X \in \Omega} \omega(X) log\left(p_{l(X)}(X)\right) \tag{4-8}$$

式中，l：$\Omega \rightarrow \{1, \cdots, K\}$ 是每个像素的真实标签；w：$\Omega \rightarrow \mathbb{R}$是每个等级的权重，用于平衡车道线等级，并被设置为训练集中两个类别的像素数的比率。

Softmax定义如下：

$$p_k(X) = \frac{\exp\left(a_k(X)\right)}{\sum_{k'=1}^{K} \exp\left(a'_k(K)\right)} \tag{4-9}$$

式中，$a_k(X)$表示像素位置处的特征通道中的激活；$X \in \Omega$，$\Omega \in \mathbb{Z}^2$，k是类的数量。

在不同的训练阶段使用不同的优化器，以使训练网络效果更佳。首先，采用自适应运动估计（Adam）优化器，使梯度下降速度更快。由于易陷入局部极小值且难以收敛，当网络被训练到相对较高的精确性时，转向随机梯度下降（Stochastic Gradient Descent, SGD）优化器，并利用精细的步长寻找全局最优解。在更换优化器时，为避免训练过程中不同学习步幅的干扰，导致收敛过程的混乱或停滞，需要匹配学习率。学习率的匹配方程如下：

$$\begin{aligned}
&\omega_{k_{\mathrm{SGD}}}=\omega_{k_{\mathrm{Adam}}}\\
&\omega_{k-1_{\mathrm{SGD}}}=\omega_{k-1_{\mathrm{Adam'}}}\\
&\omega_{k_{\mathrm{SGD}}}=\omega_{k-1_{\mathrm{SGD}}}-\alpha_{k-1_{\mathrm{SGD}}}\hat{\nabla}f\left(\omega_{k-1_{\mathrm{SGD}}}\right)
\end{aligned}\tag{4-10}$$

式中，ω_k表示第k次迭代中的权重；α_k表示学习率；$\hat{\nabla}f(\cdot)$是由损失函数$f(\cdot)$计算的随机梯度。

在实验中，初始学习率被设置为0.01，当训练精确性达到90%时，优化器被改变。

4.4 实验和结果

在本节中，对网络进行了实验，以验证所提出网络的准确性和鲁棒性。对所提出的网络在不同场景下的性能进行了评估，并与不同的车道线检测网络进行了比较，还分析了参数的影响。本节分为四个部分：①数据集；②超参数设置和硬件环境；③实验评估和比较；④消融实验。

4.4.1 数据集

基于TuSimple车道线数据集构建了测试集与训练集。训练集中包含3626个图像序列（即高速公路上驾驶场景的前视图），其中每个序列包含20个连续帧的图像序列。测试集中包含2944个图像序列，其中每个序列包含20个连续帧的图像序列。在每个序列中标记了额外10帧图像以扩展数据集。为了研究输入图片的帧数对网络性能的影响，选择将不同连续帧数图片输入到网络进行实验，其结果如图4-8所示。当输入图片中的帧数从1增加到6时，网络的性能显著提高。当输入图片的帧数超过6时，对网络性能的提高较为有限。

因此，考虑到设备性能和计算成本，选择6个连续帧作为输入。在训练过程中，将连续6帧和最后一帧的地面真值作为输入，并在最后一帧中检测车道线。训练集是基于第16帧和第18帧中的地面真实标签构建。同时，为了使所提出的网络完全适应不同行驶速度下的车道线检测，使用三种不同的步幅（即间隔分别为1、2和3帧）对输入图像进行采样。地面上的真实标签有三种采样方法，如表4-1所示。

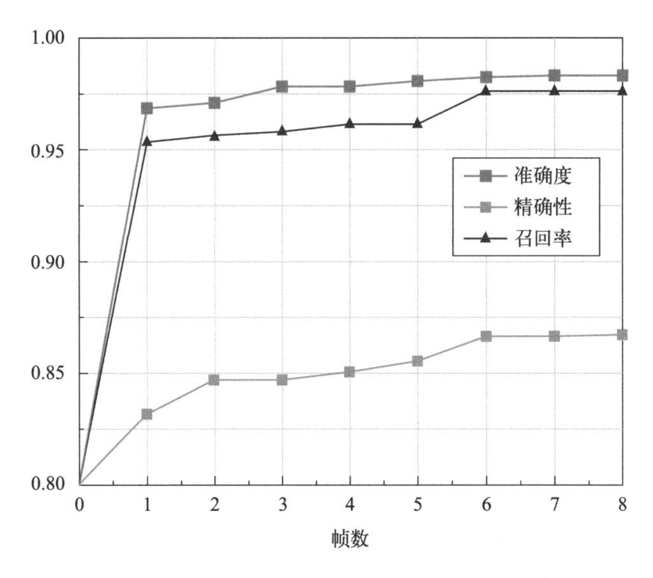

图4-8　输入连续图像序列的帧数对于网络性能的影响

表4-1　连续输入图像的采样方法

步幅	采样帧数	地面真实标签
1	11、12、13、14、15、16	16
2	6、8、10、12、14、16	16
3	1、4、7、10、13、16	16
1	13、14、15、16、17、18	18
2	8、10、12、14、16、18	18
3	3、6、9、12、15、18	18

表4-2　基于TuSimple数据集的原始数据集的设置

数据集	内容	分辨率	车道	环境	标记帧	标记图像
训练集	TuSimple	1280×720	≤4	高速公路	16、18	7252
测试集	测试集#1	1280×720	≤4	高速公路	16、18	2944
	测试集#2	1280×720	≤4	高速公路	所有	598

在测试中，使用6幅连续图像序列来识别最后一帧中的车道线，将其与最后一帧的地面真实情况进行比较，并构建了测试集#1和测试集#2。基于TuSimple测试集构建的测试集#1用于正常场景测试，测试集#2由在不同场景下收集的样本组成，用于评估网络检测的鲁棒性，数据集设置如表4-2所示。同时，为了进一步评估网络检测的鲁棒性，还基于CULane构建了测试集#1和测试集#2。测试集#1用于正常场景测试，测试集#2由在不同场景下

收集的样本组成，用于评估网络检测的鲁棒性，数据集设置如表4-3所示。

表4-3　基于CULane数据集的原始数据集的设置

数据集	内容	分辨率	车道	环境	标记帧	标记图像
训练集	CULane	1640×590	≤4	城市、乡村公路，高速公路	16、18	9458
测试集	测试集#1	1640×590	≤4	城市、乡村公路，高速公路	16、18	3840
	测试集#2	1640×590	≤4	城市、乡村公路，高速公路	所有	780

4.4.2　超参数设置和硬件环境

在实验中，车道线检测图像的采样分辨率被调整为368像素×640像素，以节省内存，同时弥补某些模糊的车道边界，并保护网络免受消失点周围背景中的复杂纹理的影响。为了验证低分辨率图像的适用性和所提出的车道线检测网络的性能，对潮湿、多云和晴朗的场景使用了不同的测试条件。在训练阶段，批量大小设置为32，Epochs为8000，激活函数为LReLU，网络框架为Pytorch 1.7.1。使用GPU（RTX3080 GPU）记录运行时间，并在平均1000个样本的运行时间后获得运行时间的最终值。所有实验均在配备双路NVIDIA RTX3080 GPU和第11代Intel Core i7-11700K的平台上完成。

4.4.3　实验评估和比较

在本节中，将介绍两个主要实验，即网络性能测试实验以及网络消融实验。它们分别用于定量评估网络的性能，以及在各种场景下完成测试任务来验证该网络的鲁棒性。

将所提出的网络的总体性能（即UNet_ST-LSTM、SegNet_ST-LSTM、LaneNet_ST-LSTM和ST-MAE_ST-LSTM）与其原始基线以及一些修改版本进行了比较。具体而言，包括以下方法。

SCNN：用逐层卷积代替传统的深层逐层卷积。具有主干+SCNN的结构，主干选择LargeFOV（Deeplabv2）。

ResNet-18，ResNet-34：网络由一系列残差块组成。其输入经历多次卷积操作后，被添加到输出中。18和34表示权重层的数量。

ENet：ENet的网络结构设计参考了ResNet的网络结构，其结构为具有卷积核的主分支和附加分支。最后，进行像素级的相加和融合。

SegNet：该网络是用于语义分割的经典编码器-解码器架构神经网络。编码器与VGGNet相同。

SegNet_ST-LSTM：是本章提出的一种混合神经网络，在编码器网络之后使用ST-LSTM模块。

六个基于UNet的网络、基于LaneNet的网络和基于ST-MAE的网络：将SegNet的编码器和解码器替换为修改后的UNet、LaneNet和ST-MAE，从而生成另外六个网络。

在完成上述深度混合网络的训练之后，将获得的结果在测试集上进行比较。通过定量比较，验证了本章所提出的框架是有效的，具有优秀的性能，并且网络能够正确检测图像序列中的车道线数。在车道线检测任务中，应避免两种检测错误（检测到的车道线数与实际车道线数不一致）：一是漏检，实际车道线对象用作预测图像序列的背景，因此无法正确检测车道线数；二是过度检测，它将图像序列中的其他对象检测为车道线。

当网络满足上述条件时，应避免检测图中的车道线严重断开和车道线区域模糊，以及车道线与地面之间的位置和长度差异较大的问题。

实验结果表明，如图4-9所示，基于TuSimple数据集ST-MAE完成了对车道线检测任务的测试，其中，第7行为真实场景原图，其余行为车道线语义分割图，测试结果良好，在各场景中的检测效果均较为出色，说明该网络具有一定的鲁棒性。该网络实现了较好的车道线检测，如图4-9、图4-11所示，与其他网络完成车道线检测任务效果的比较如图4-10、图4-12所示。如图4-10所示为在基于TuSimple数据集的相同场景下，ST-MAE与其他网络完成车道线检测任务的比较。其中，第1列和第2列：ENet与ST-MAE比较图；第3列与第4列：LaneNet与ST-MAE的比较图；第5列和第6列：ResNet-34与ST-MAE的比较图。

该网络可以在不同场景中检测输入图像序列中的每个车道线（包括具有完整标记的车道线、存在阴影遮挡的车道线和被其他物体遮挡的车道线），而不会丢失检测或过度检测。通过实验对比发现，本章所提方法设计的网络检测到的车道线位置与实际车道线位置一致，而其他网络车道线检测的效果不佳，在检测结果中车道线通常是不完整的，或者检测到的车道线与实际车道线位置有一定距离。通过将ST-MAE的车道线检测结果与其他结果进行比较可知，本章所提方法中的车道线检测结果显示为细白线，并且在严重阴影遮挡和由行驶车辆遮挡引起的模糊预测区域内具有的模糊区域较少。同时在涉及不完整道路车道线标记的场景中，ST-MAE也可完成车道线检测任务。

图 4-9　基于 TuSimple 数据集 ST-MAE 在完成车道线检测任务中的测试

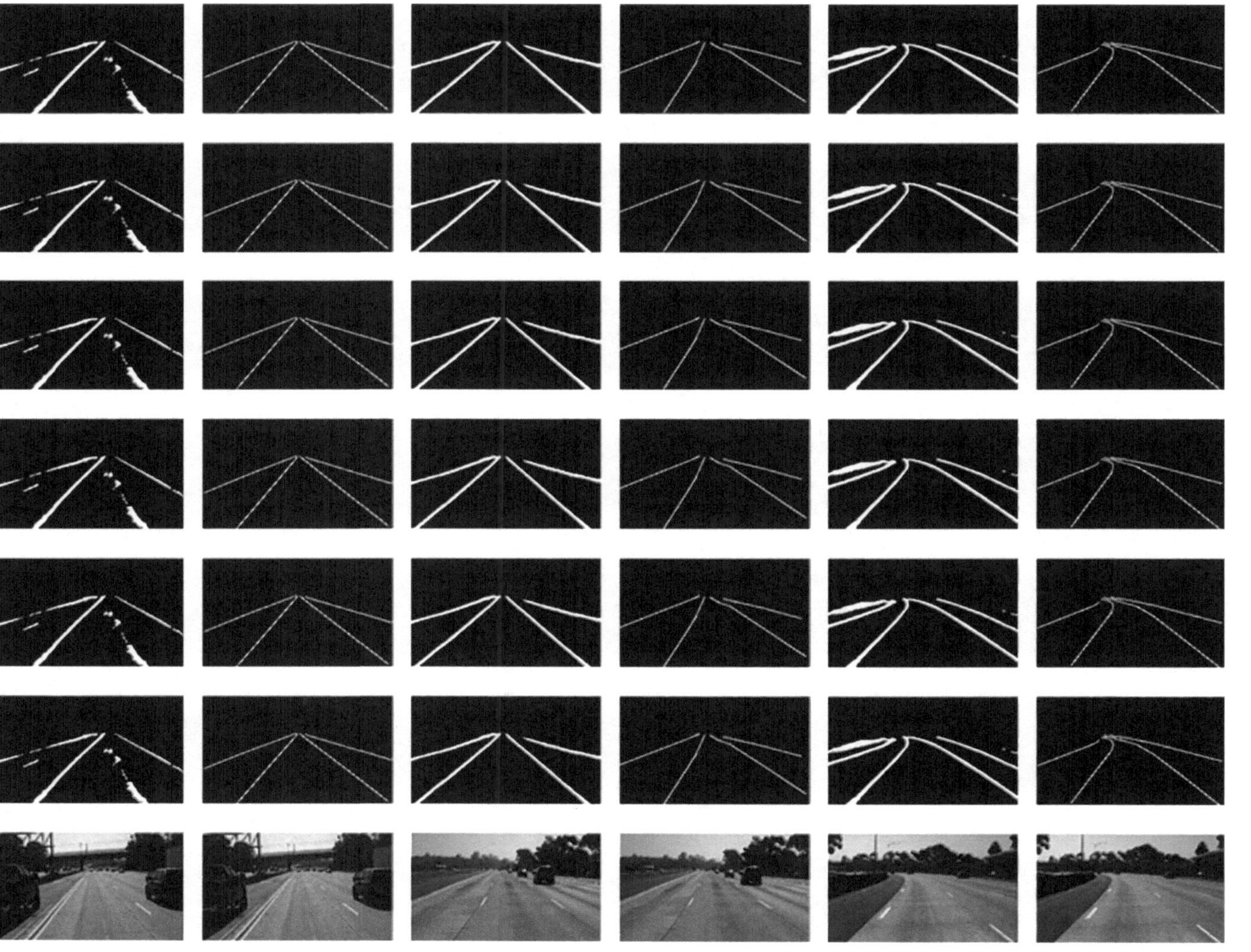

图4-10　基于TuSimple数据集ST-MAE与其他网络在完成车道线检测任务中的测试比较

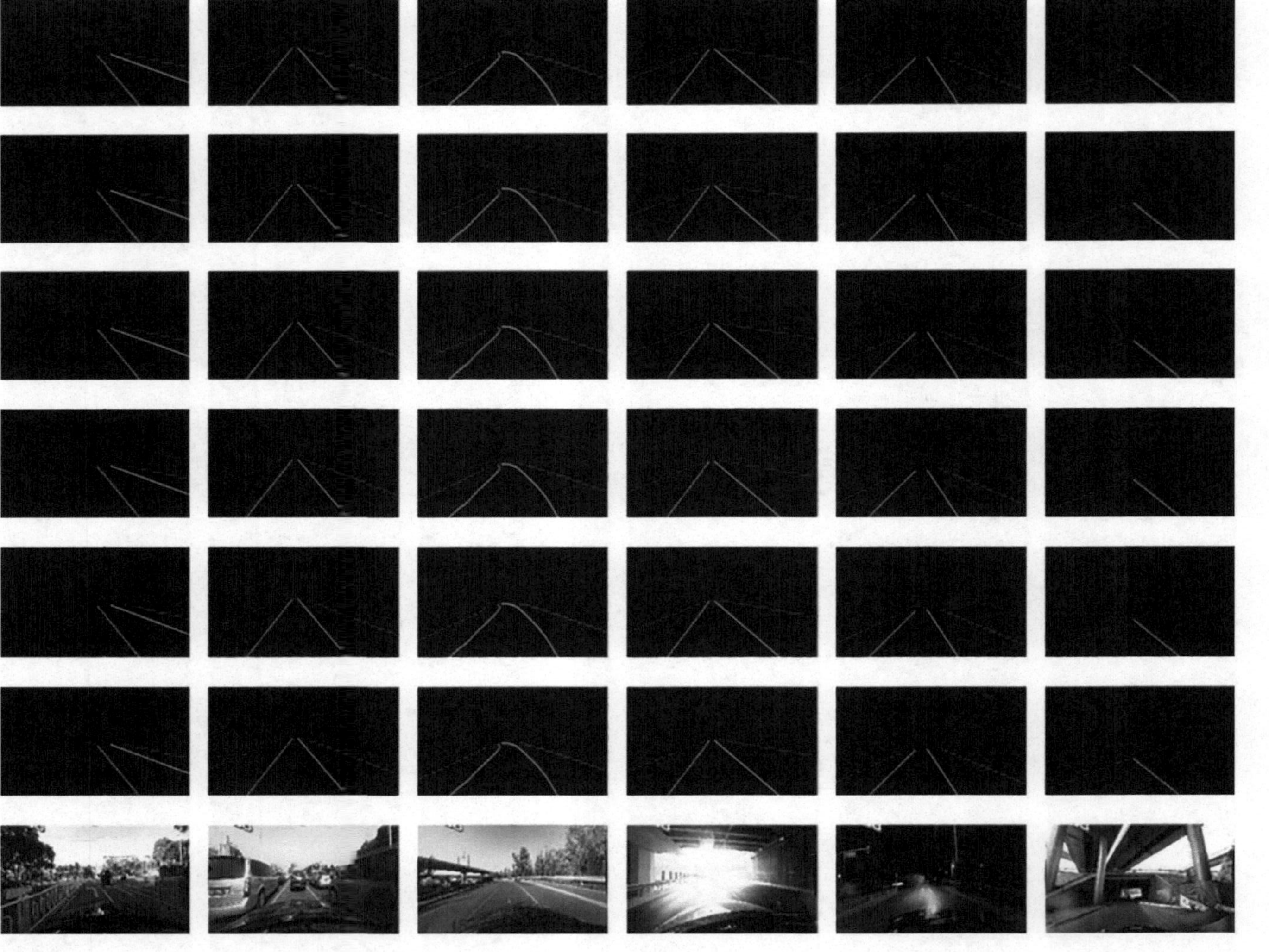

图4-11　基于CULane数据集测试ST-MAE的性能

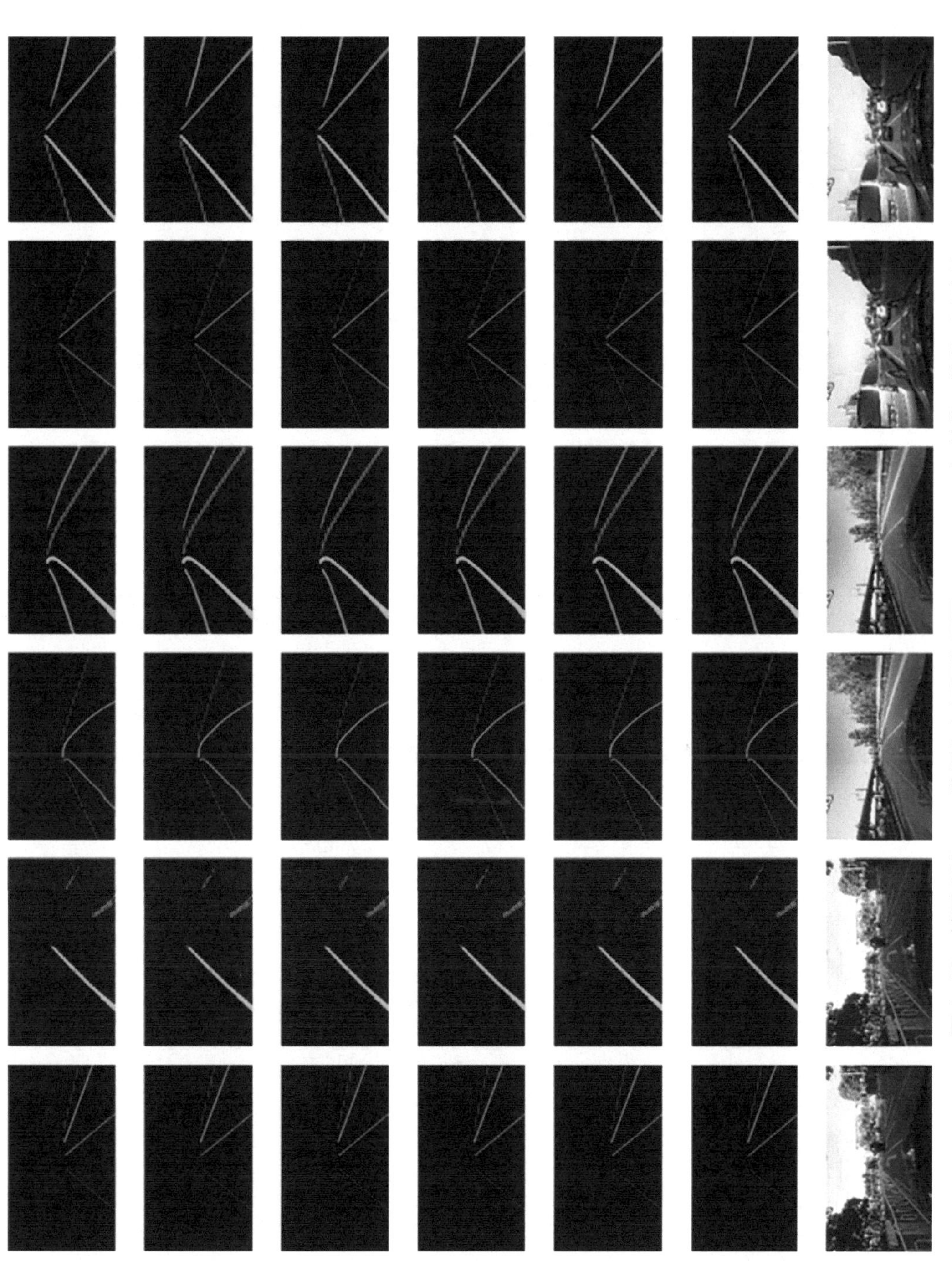

图4-12　基于CULane数据集在相同的场景下ST-MAE与其他网络的测试比较

本章所提网络主要减少了将接近地面的背景像素错误分类为车道线的可能性，并减少了消失点周围的模糊区域和车辆遮挡区域，以降低误报率。如图4-11所示为基于CULane数据集测试ST-MAE的性能，选择了六个最具挑战性的场景进行测试。其中，第1列：场景中的车道线含有箭头；第2列：交通较为拥挤的场景；第3列：场景中的车道线为曲线；第4列：场景中有强烈的光照；第5列：夜晚场景；第6列：场景中车道无标记。其中，图的最后一行表示真实场景，第1行到第6行分别表示从所选择的六个典型场景中的每个场景六个连续图像序列聚类之后的实例分割。

如图4-12所示为基于CULane数据集在相同的场景下，ST-MAE与其他网络完成的车道线检测任务的结果比较。其中，第1列和第2列：ST-MAE与ENet的网络测试结果比较；第3列和第4列：ST-MAE和LaneNet之间的比较；第5列和第6列：ST-MAE和ResNet-34之间的比较。综上，由测试结果可知，ST-MAE在各种典型场景下的测试结果较其他网络更佳；在完成测试后，通过ST-MAE测试结果可知，它将ENet和ResNet-34错误地把其他边界检测为车道线的问题进行了改善；同时ST-MAE的鲁棒性与其他网络相比较高。

由于网络预测区域中的所有像素均为车道线类别，这将形成粘连，所有车道线像素都将被正确分类，从而导致较高的召回率；因此，即使召回率很高，也会出现背景类的严重错误分类，这使得准确度很低。考虑到准确度或召回率仅反映车道线检测性能的一个方面，评估并不全面。因此，本章引入了F1测量值作为评估整体矩阵的指标。

基于TuSimple数据集测试ST-MAE与各网络的准确度和精确性并进行比较，如表4-4所示。由表4-4可知，验证准确度与测试准确度相差不大；在简单场景下完成车道线检测任务的准确度和精确性略高于在复杂场景下完成车道线检测任务的准确度和精确性；与原始版本相比，加入ST-LSTM后，各网络的准确度和精确性均有所提高；与各网络相比，ST-MAE的准确度和精确性略高。为了进一步验证上述结论，基于CULane数据集测试ST-MAE与各网络的准确度、精确性并进行比较，结果如表4-5所示。由表4-5可知，验证准确度与测试准确度相差不大；在简单场景下完成车道线检测任务的准确度和精确性略高于在复杂场景下完成车道线检测任务的准确度和精确性；与原始版本相比，加入ST-LSTM后，各网络的准确度和精确性均有所提高；与各网络相比，ST-MAE的准确度和精确性略高。引用2.6节中式（2-14）～式（2-19）计算相关评价指标。

表4-4　各网络基于TuSimple数据集的准确度与精确性比较

网络	验证准确度/%		测试准确度/%		精确性	
	简单场景	复杂场景	简单场景	复杂场景	简单场景	复杂场景
ResNet-18	92.85	91.42	92.68	91.45	0.671	0.659
ResNet-34	93.15	92.63	93.22	92.58	0.695	0.672
SCNN	94.12	92.85	94.25	93.12	0.712	0.695
ENet	94.98	93.62	94.73	93.74	0.724	0.708
UNet	95.42	94.14	95.53	94.08	0.763	0.749
SegNet	95.76	94.57	95.61	94.52	0.784	0.765
LaneNet	96.56	95.35	96.48	95.42	0.812	0.803
ST-MAE	96.82	96.69	96.85	96.72	0.843	0.835
UNet_ST-LSTM	96.38	95.95	96.19	95.82	0.851	0.847
SegNet_ST-LSTM	96.51	96.12	96.43	95.98	0.863	0.854
LaneNet_ST-LSTM	97.04	96.45	96.94	96.46	**0.872**	**0.865**
ST-MAE_ST-LSTM	**97.46**	**97.38**	**97.37**	**97.29**	0.865	0.859

表4-5　各网络基于CULane数据集的准确度和精确性比较

网络	验证准确度/%		测试准确度/%		精确性	
	简单场景	复杂场景	简单场景	复杂场景	简单场景	复杂场景
ResNet-18	92.15	90.38	91.92	90.27	0.612	0.598
ResNet-34	92.56	91.58	92.42	90.26	0.618	0.602
SCNN	93.03	91.74	92.97	91.63	0.626	0.612
ENet	93.72	92.21	93.54	91.98	0.659	0.643
UNet	94.21	93.03	93.89	92.74	0.686	0.648
SegNet	94.54	93.42	94.13	93.51	0.702	0.681
LaneNet	95.69	94.57	95.08	94.64	0.753	0.742
ST-MAE	96.17	95.85	95.72	95.41	0.819	0.795
UNet_ST-LSTM	94.87	93.89	94.51	93.27	0.715	0.694
SegNet_ST-LSTM	95.04	94.32	94.83	93.79	0.729	0.741
LaneNet_ST-LSTM	96.37	95.05	95.41	95.84	0.824	0.809
ST-MAE_ST-LSTM	**97.03**	**96.18**	**96.84**	**95.92**	**0.837**	**0.829**

基于TuSimple数据集测试ST-MAE与各网络的真阳性率TPR和假阳性率FPR并进行比较，结果如表4-6所示。由表4-6可知，在简单场景下完成车道线检测任务的准确度和精确性略高于在复杂场景下完成车道线检测任务的真阳性率；在简单场景下完成车道线检测任务的准确度和精确性略高于在复杂场景下完成车道线检测任务的假阳性率；与原始版本相比，加入ST-LSTM后，各网络的真阳性率有所提高，而假阳性率有所降低；与各网络相比，ST-MAE的真阳性率略高，假阳性率略低。

表4-6　基于TuSimple数据集的真阳性率和假阳性率比较

网络	TPR		FPR	
	简单场景	复杂场景	简单场景	复杂场景
ResNet-18	0.921	0.912	0.078	0.082
ResNet-34	0.934	0.925	0.064	0.069
SCNN	0.945	0.936	0.053	0.058
ENet	0.947	0.938	0.049	0.054
UNet	0.953	0.945	0.042	0.046
SegNet	0.956	0.947	0.039	0.045
LaneNet	0.962	0.949	0.034	0.041
ST-MAE	0.967	0.954	0.031	0.035
UNet_ST-LSTM	0.964	0.953	0.032	0.033
SegNet_ST-LSTM	0.968	0.957	0.031	0.032
LaneNet_ST-LSTM	0.972	0.961	0.027	0.029
ST-MAE_ST-LSTM	**0.975**	**0.971**	**0.024**	**0.025**

为了进一步验证上述结论，基于CULane数据集测试ST-MAE与各网络的真阳性率（TPR）和假阳性率（FPR）并进行比较，结果如表4-7所示。由表4-7可知，在简单场景下完成车道线检测任务的准确度和精确性略高于在复杂场景下完成车道线检测任务的真阳性率；在简单场景下完成车道线检测任务的准确度和精确性略低于在复杂场景下完成车道线检测任务的假阳性率；与原始版本相比，加入ST-LSTM后，各网络的真阳性率有所提高，而假阳性率有所降低；与各网络相比，ST-MAE的真阳性率略高，假阳性率略低。

基于TuSimple数据集测试ST-MAE与各网络的召回率、F1测量值和运行时间并进行比较，结果如表4-8所示。

表4-7　基于CULane数据集的真阳性率和假阳性率比较

网络	TPR		FPR	
	简单场景	复杂场景	简单场景	复杂场景
ResNet-18	0.902	0.897	0.102	0.115
ResNet-34	0.913	0.908	0.084	0.078
SCNN	0.929	0.914	0.072	0.063
ENet	0.938	0.918	0.061	0.057
UNet	0.941	0.929	0.052	0.059
SegNet	0.944	0.931	0.047	0.056
LaneNet	0.957	0.942	0.034	0.041
ST-MAE	0.961	0.949	0.033	0.037
UNet_ST-LSTM	0.949	0.936	0.049	0.052
SegNet_ST-LSTM	0.948	0.939	0.044	0.049
LaneNet_ST-LSTM	0.962	0.948	0.032	0.038
ST-MAE_ST-LSTM	**0.964**	**0.961**	**0.029**	**0.031**

由表4-8可知，与原始版本相比，加入ST-LSTM后，各网络的召回率、F1测量值均有所提高；与原始版本相比，加入ST-LSTM后，各网络的运行时间有所下降；ST-MAE的运行时间最短；ST-MAE_ST-LSTM的召回率、F1测量值均为最高。

表4-8　基于TuSimple数据集测试ST-MAE与各网络的召回率、F1测量值和运行时间

网络	召回率	F1测量值	运行时间
ResNet-18	0.921	0.792	0.0078
ResNet-34	0.934	0.803	0.0064
SCNN	0.945	0.816	0.0053
ENet	0.947	0.854	0.0049
UNet	0.953	0.867	0.0053
SegNet	0.956	0.861	0.0046
LaneNet	0.962	0.884	0.0042
ST-MAE	0.967	0.893	**0.0031**
UNet_ST-LSTM	0.964	0.897	0.0065
SegNet_ST-LSTM	0.968	0.901	0.0069
LaneNet_ST-LSTM	0.972	0.914	0.0055
ST-MAE_ST-LSTM	**0.975**	**0.919**	0.0044

为了进一步验证上述结论，基于CULane数据集测试ST-MAE与各原始网络的F1测量值并进行比较，结果如表4-9所示；基于CULane数据集测试ST-MAE_ST-LSTM与加入ST-LSTM的各网络的F1测量值并进行比较，结果如表4-10所示。由于在十字路口的场景中没有直线，任何预测点都是误报，因此，将在十字路口场景中的F1测量值替换为FP值。

在表4-9中，选取了普通场景、交通拥挤场景、无车道线标记场景、车道线为曲线场景和十字路口场景等，选取了ResNet-18、ResNet-34、UNet、LaneNet、SCNN和ST-MAE的原始网络进行比较：在普通场景下，ST-MAE与各网络的F1测量值最高；在无车道线标记场景下，ST-MAE与各网络的F1测量值最低；SCNN的每秒帧数（fps）值最小。

表4-9 基于CULane数据集测试ST-MAE与各网络的F1测量值

类别	ResNet-18	ResNet-34	UNet	LaneNet	SCNN	ST-MAE
普通	90.5	90.2	91.1	91.7	90.6	94.2
拥挤	65.6	67.5	68.2	70.3	69.7	75.1
强光	67.7	60.1	61.2	60.3	58.5	71.5
阴影	65.9	68.2	67.1	67.5	66.9	79.2
无车道线	40.7	42.5	43.3	44.6	43.4	54.3
含有箭头	83.7	84.3	85.4	85.2	84.1	86.1
弯曲	61.2	62.4	63.7	65.1	64.4	66.7
十字路口	1848	1981	2044	2005	1990	1901
夜间	64.5	65.7	67.3	67.4	66.1	71.8
全体	70.7	71.2	72.3	73.7	71.3	77.9
每秒帧数（fps）	25.8	37.1	50.1	48.8	8.2	64.8

在表4-10中，选取了普通场景、交通拥挤场景、无车道线标记场景、车道线为曲线场景和十字路口场景等，选取了UNet、SegNet、LaneNet和ST-MAE的原始网络加入ST-LSTM进行比较：在普通场景下，ST-MAE与各网络的F1测量值最高；在无车道线标记场景下，ST-MAE与各网络的F1测量值最低；SegNet的每秒帧数（fps）值最小；原始网络加入ST-LSTM后的网络性能略优于原始网络。

综上所述，与ST-MAE原始版本的网络相比，添加了ST-LSTM的网络F1测量值增加了约2%。与输入的单帧图像序列相比，输入的多帧图像序列可以更好地预测车道线，ST-LSTM可以更好地处理语义分割框架中的连续序列图像。因此，ST-LSTM的引入可以接受高维张量作为输入，并在原始基线的基础上进行改进。为了评估该网络的性能，基于TuSimple数据集和CULane数据集，进行了进一步的客观实验，将该网络与其他网络进行了比较，其结果如表4-8～表4-10所示。

表4-10 基于CULane数据集测试ST-MAE_ST-LSTM与加入ST-LSTM的各网络的F1测量值

类别	UNet_ST-LSTM	SegNet_ST-LSTM	LaneNet_ST-LSTM	ST-MAE_ST-LSTM
普通	92.3	93.1	93.6	95.3
拥挤	69.1	70.4	72.2	78.9
强光	61.9	62.3	62.7	73.2
阴影	68.3	68.9	69.4	80.4
无车道线	45.1	45.7	46.7	57.4
含有箭头	86.7	87.2	87.9	89.2
弯曲	64.5	65.2	66.8	68.1
十字路口	2051	2018	2013	1952
夜间	68.1	69.2	70.3	73.2
全体	74.2	75.4	78.7	83.3
每秒帧数（fps）	49.3	46.9	47.3	64.2

与使用的像素级测试标准不同，对预测点进行了稀疏采样。由于在构建数据集的预处理步骤中使用了裁剪和调整大小操作，因此稀疏采样获得的预测点应该与原始图像中的对应点一致。使用图像序列作为输入，并添加ST-LSTM，运行时间可能更长。从表4-8的最后一列可以看出，处理所有六帧的图像比处理仅一帧的图像显示出更多的时间消耗。在已经提取了前一帧的条件下，编码器只需要处理当前帧，因此运行时间不会增加。ST-LSTM可以在GPU上以并行模式运行，运行时间与未加入ST-LSTM的网络相比几乎相同。在该网络中添加ST-LSTM之后，如果所有六个帧都被处理为新输入，则运行时间大约为21ms。如果前5个帧被存储和重用，则运行时间为4.4ms，略长于3.1ms的原始网络运行时间。在测试集中取得了良好的精确性，但仍需测试车道线检测网络的鲁棒性，即车道线检测网络是否能够在各种场景和车况条件下很好地完成车道线检测任务。在鲁棒性测试实验中，使用了新的数据集，包括各种驾驶场景，如涉及城市道路和高速公路的日常驾驶场景，以及具有挑战性的驾驶场景，如不完整甚至没有车道线标记的车道、视线差和

车辆拥挤的车道。实验表明，在简单场景中，验证准确度为97.46%，测试准确度为97.37%，精确性为0.865。在复杂场景中，验证准确度为97.38%，测试准确度为97.29%，精确性为0.859。因此，该方法提出的检测网络具有很强的鲁棒性。

参数分析：输入图像序列的帧数和采样的步长会影响所提出网络的性能。在输入多帧的图像序列时，预测图中可以获得更多的信息，有助于最终检测结果。但使用了太多的前一帧，可能会导致最终检测结果不佳。与当前帧相隔较远的前一帧中的场景与当前帧的场景信息差异性可能较大，会对检测结果产生较大影响。因此需要对输入图像序列的数目对车道线检测产生的影响进行分析。首先对输入图像序列的数目按1至6进行设置，并将获得的6个结果与采样步长比较分析。在基于TuSimple数据集的测试集#1上进行试验，试验结果如表4-11～表4-13所示。在基于CULane数据集的测试集#1上进行试验，试验结果如表4-14～表4-16所示。其中，在表4-11～表4-16的顶行中，每个圆括号中的两个数字分别是采样步长和图像帧数（即图像序列的数目）。当在采样步长相同的情况下输入更多数目的连续帧图像时，精确性和F1测量值均有所提升，相比仅输入当前帧图像，多个连续帧图像会更有利于完成车道线检测任务。当步长增加时，试验表现趋于平稳，输入第五帧到第六帧图像的试验结果提升不如输入第二帧到第三帧图像的试验结果提升。这可能是因为来自更远的前一帧的信息对于车道线预测和检测的帮助不如来自更近的前一帧的信息。当关注采样步长时，如表4-11～表4-16所示，当输入图像序列帧数不变时，ST-MAE在不同采样步长的情况下，试验的结果差异微乎其微。综上所述，当输入多帧图像序列时，ST-LSTM集成了连续图像序列中提取的特征映射，能够获得更完整的车道线信息，使其能够更好地完成车道线检测任务。

表4-11　基于TuSimple数据集的测试集#1上不同参数设置完成效果（1）

（采样步长，图像帧数）	（3, 6）	（3, 5）	（3, 4）	（3, 3）	（3, 2）
总范围	15	12	9	6	3
准确度	0.981	0.979	0.977	0.971	0.968
精确性	0.867	0.856	0.851	0.848	0.832
召回率	0.975	0.961	0.958	0.956	0.953
F1测量值	0.919	0.897	0.894	0.889	0.887

表4-12　基于TuSimple数据集的测试集#1上不同参数设置完成效果（2）

（采样步长，图像帧数）	（2, 6）	（2, 5）	（2, 4）	（2, 3）	（2, 2）
总范围	10	8	6	4	2
准确度	0.981	0.979	0.977	0.971	0.968
精确性	0.867	0.856	0.851	0.848	0.832
召回率	0.975	0.961	0.958	0.956	0.953
F1测量值	0.919	0.897	0.894	0.889	0.887

表4-13　基于TuSimple数据集的测试集#1上不同参数设置完成效果（3）

（采样步长，图像帧数）	（1, 6）	（1, 5）	（1, 4）	（1, 3）	（1, 2）	单帧
总范围	5	4	3	2	1	—
准确度	0.981	0.979	0.977	0.971	0.968	0.954
精确性	0.867	0.856	0.851	0.848	0.832	0.815
召回率	0.975	0.961	0.958	0.956	0.953	0.947
F1测量值	0.919	0.897	0.894	0.889	0.887	0.851

表4-14　基于CULane数据集的测试集#1上不同参数设置完成效果（1）

（采样步长，图像帧数）	（3, 6）	（3, 5）	（3, 4）	（3, 3）	（3, 2）
总范围	15	12	9	6	3
准确度	0.970	0.965	0.966	0.960	0.957
精确性	0.854	0.845	0.849	0.837	0.821
召回率	0.964	0.949	0.958	0.956	0.953
F1测量值	0.908	0.886	0.883	0.878	0.876

表4-15　基于CULane数据集的测试集#1上不同参数设置完成效果（2）

（采样步长，图像帧数）	（2, 6）	（2, 5）	（2, 4）	（2, 3）	（2, 2）
总范围	10	8	6	4	2
准确度	0.970	0.968	0.965	0.961	0.956
精确性	0.856	0.845	0.839	0.837	0.821
召回率	0.964	0.951	0.946	0.944	0.942
F1测量值	0.908	0.886	0.883	0.877	0.875

表4-16　基于CULane数据集的测试集#1上不同参数设置完成效果（3）

（采样步长，图像帧数）	（1, 6）	（1, 5）	（1, 4）	（1, 3）	（1, 2）	单帧
总范围	5	4	3	2	1	—
准确度	0.969	0.968	0.966	0.958	0.957	0.943
精确性	0.856	0.844	0.838	0.837	0.821	0.804
召回率	0.964	0.949	0.947	0.945	0.942	0.936
F1测量值	0.904	0.886	0.882	0.875	0.876	0.842

4.4.4　消融实验

研究了原始ST-MAE与原始ST-MAE加入ST-LSTM网络性能对比（如表4-17所示），并进行了广泛的实验，以研究ST-LSTM（如表4-18所示）在网络中的不同位置对于网络性能的影响，如将ST-LSTM嵌入编码器之前或解码器之后。表4-17中，讨论了仅具有ST-MAE、LaneNet以及将ST-LSTM嵌入ST-MAE和LaneNet的模型的性能，这表明ST-LSTM对连续多帧车道线检测网络具有积极的改进。实验结果表明：

① 相同时间间隔的性能优于不同时间间隔。原因可能是帧与帧之间的等间隔使得丢失的信息呈现出规律性和稳定性，这使得ST-LSTM能够更好地回顾过去并预测未来帧。然而，帧与帧之间的顺序间隔和不等间隔波动很大，使得信息的规则性和稳定性受到了影响。

② 在相同条件下，在ST-MAE中嵌入ST-LSTM的性能优于仅嵌入ST-MAE的性能。可能的原因是ST-LSTM可以尽力记住和保留车道线最可能的特征。

表4-17　原始ST-MAE与原始ST-MAE加入ST-LSTM网络性能对比

网络	TuSimple数据集				CULane数据集			
	准确度/%	精确性	召回率	F1测量值	准确度/%	精确性	召回率	F1测量值
ST-MAE	95.75	0.835	0.967	0.893	94.67	0.795	0.765	0.779
LaneNet	95.42	0.812	0.962	0.881	94.64	0.753	0.721	0.737
LaneNet_ST-LSTM	96.46	0.865	0.965	0.912	95.84	0.824	0.753	0.787
ST-MAE_ST-LSTM	97.29	0.859	0.975	0.913	95.92	0.819	0.847	0.833

表4-18 ST-LSTM在网络中的不同位置对于网络性能的影响

位置	TuSimple数据集				CULane数据集			
	准确度/%	精确性	召回率	F1测量值	准确度/%	精确性	召回率	F1测量值
编码器（前）	91.35	0.756	0.812	0.783	85.64	0.718	0.795	0.755
编码器（后）	95.42	0.828	0.895	0.860	89.87	0.794	0.813	0.803
解码器（前）	97.29	0.859	0.975	0.913	95.92	0.819	0.847	0.833
解码器（后）	96.84	0.835	0.943	0.886	94.97	0.759	0.814	0.786

表4-18中，讨论了ST-MAE中ST-LSTM嵌入不同位置对于网络性能的影响的实验结果。实验结果表明:

① 当试图将ST-LSTM嵌入到最底层（前编码器）时，相应网络的性能并不理想。可能的原因是最底层包含本地信息。

② 当试图将ST-LSTM嵌入到最高层（解码器后面）时，相应网络的性能同样并不理想。可能的原因是最高层主要包含全局信息。

③ 当试图将ST-LSTM嵌入接近中层（编码器后面）时，相应模型的性能也不理想。可能的原因是ST-LSTM包含有限的全局信息，不利于获得位置信息。

④ 当试图将ST-LSTM嵌入接近中层（前解码器）时，相应模型的性能是理想的。可能的原因是ST-LSTM可以充当本地和全局信息之间的连接器。

因此，在工作中将ST-LSTM设置为一层（前解码器）。

4.4.5 结果与讨论

输入图像序列的帧数和采样步长将影响所提出网络的性能。当输入多帧图像序列时，可以在预测图中获得更多信息，这有助于最终检测结果。然而，使用过多的先前帧也可能导致较差的最终检测结果。特别地，远离当前帧的前一帧中的场景信息可能与当前帧的场景信息不同，这将对检测结果产生负面影响。因此，有必要分析输入图像序列的数量对车道线检测的影响。

首先，将输入图像序列的数量设置为1到6的范围，并且将获得的结果与采样步长进行比较。测试在测试集#1上进行，测试结果如表4-11～表4-13所示。在表4-11～表4-13的顶行中，每个括号中的两个数字是采样步长和图像帧数（即图像序列的数量）。当以相同的采样步骤输入更多的连续帧图像时，精确性和F1测量值得到提高。与仅输入当前帧图像相比，多个连续帧图像将更有利于完成车道线检测任务。当步长增加时，测试性能趋于稳定。从第5帧到第6帧输入图像的测试结果不如从第2帧到第3帧输入图像。这可能是因为来自较远前一帧的信息对于车道线预测和检测的帮助不如来自较近前一帧的信息。当关注采样步长时，如表4-11 ～表4-13所示，当输入图像序列的帧数保持不变时，本章所设计的网络在不同采样步长下的测试结果几乎没有差异。

总之，当输入多帧图像序列时，ST-LSTM集成了从连续图像序列中提取的特征映射，这可以获得更完整的车道线信息，并更好地完成车道线检测任务。

本章小结

本章方法将MAE、Swin Transformer和PredRNN相融合，提出了一种能够在各种驾驶场景中完成车道线检测任务的深度混合网络结构。基于MAE搭建了该网络的框架，以多个连续帧图像序列作为输入，通过语义分割完成车道线检测任务。将连续的六帧图像序列输入到网络中，其中每一帧图像的场景信息由Swin Transformer Block构成的编码器提取，然后输入PredRNN中。再由ST-LSTM将驾驶场景的多个连续帧建模为时间序列。最后，通过由Swin Transformer Block构成的解码器，获得并重建特征以完成检测任务。还基于TuSimple数据集和CULane数据集进行了许多实验，以完成性能评估。结果表明，与使用单帧图像序列作为输入的基线架构相比，该架构获得了更好的结果，并且还验证了使用多个连续帧图像序列作为输入的有效性。与其他网络相比，ST-MAE具有更高的准确度、召回率和出色的检测性能。此外，在面对具有挑战性的驾驶场景时也进行了测试，以检查其鲁棒性。测试结果表明，该网络能够在各种场景下稳定地完成车道线检测任务。最后，在参数分析中发现，输入的多帧图像序列可以改善车道线检测结果，这进一步证明了连续的多帧图像序列比单帧图像序列更有利于车道线检测任务的完成。

第5章

基于深度学习的视频车道线检测技术

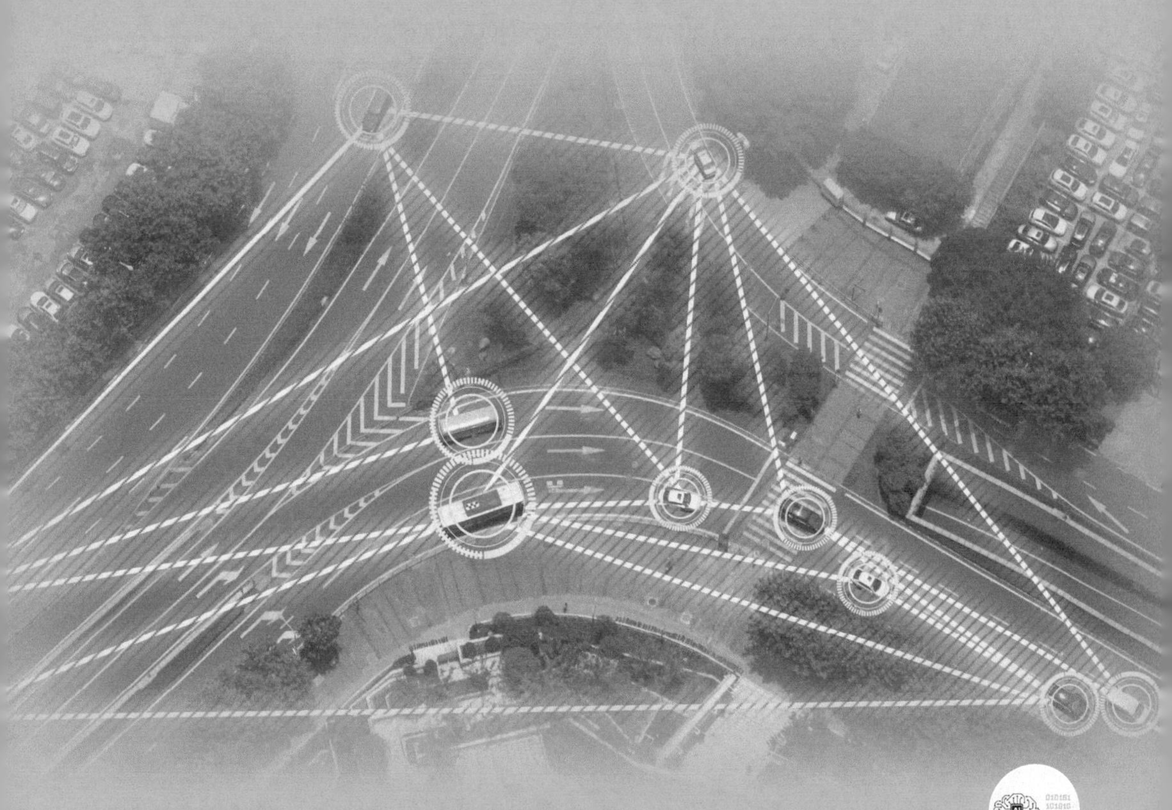

基于全卷积神经网络的UNet架构被广泛应用于视频对象分割模型（Video Object Segmentation Model）中，该模型通过对时间序列进行建模，可以更好地理解目标的行为和运动，并且能够更准确地进行分割和跟踪。本章对两种基于UNet的经典VOS模型以及两种改进的VOS模型进行概念和原理方面的介绍，并分析它们在帧间演化方面的优缺点。

5.1 时空记忆网络

记忆网络是指具有外部存储器的神经网络，存储器中的信息作为网络的记忆部分，可以按目的进行读写。最早能够端到端训练的记忆网络（Memory Network），在NLP领域中被提出，用于文档问答任务。该方法将可记忆的信息分别嵌入到Key特征向量（输入）和Value特征向量（输出）中。随着视觉研究的深入，Memory Network被应用于视频处理任务，其中最经典的模型是时空记忆（Space-Time Memory, STM）网络。在此之上衍生出更多的方法用于视频目标的分割与跟踪，本节将介绍STM的工作原理。

5.1.1 Key与Value空间的嵌入张量

与Memory Network不同，STM网络将一组带有标签的帧作为记忆，查询帧的每个像素都需要访问记忆帧在不同时空位置的信息，最终以像素为单位进行预测。因此，STM的记忆部分（外部存储器）保存了具有时序性的像素级信息，该信息是一种4D张量，被嵌入到两种不同的空间，分别是Key空间与Value空间。

Key空间的张量被用于在Value空间中寻址。具体来说，查询帧生成的Key空间的3D张量（不含有时序信息）与记忆中Key空间的4D张量计算具有相似性，该相似性用于检索相关记忆在Value空间的4D张量。因此，Key空间的张量需要学习编码目标的视觉语义，以实现对外观变化前后的稳健匹配，Value空间的张量存储了生成估计掩码的详细信息（如目标对象、对象边界）。

查询帧在Value空间的嵌入张量和记忆帧在Value空间的嵌入张量包含了用于不同目的的信息。具体来说，查询帧在Value空间的嵌入张量是用来存储详细的外观信息，以便模型能够准确预测物体掩码。记忆帧在Value空间的张量被用于学习编码视觉语义和关于每个特征是否属于前景信息。

5.1.2　STM网络结构

STM的网络结构如图5-1所示，在图中左侧部分，网络通过Enc_M编码器依次对带有注释的过去帧进行编码，将编码后的3D张量嵌入到Key和Value空间中，并按照时间顺序进行堆叠形成Key和Value空间中的4D张量。在图5-1的右侧，网络通过Enc_Q对当前帧进行编码，同样是将编码后的3D张量嵌入到Key和Value空间中。网络在Space-time Memory Read（时空记忆读取）中进行读取操作，计算过程如图5-2所示。

首先，网络通过依次计算查询帧在Key空间的张量$\boldsymbol{k}^Q$与记忆帧在Key空间的4D张量$\boldsymbol{k}^M$的内积矩阵，再经过Softmax函数进行归一化，得到时序范围内目标的相似概率图（Similarity Map）。然后，计算时序中每一张相似概率图与记忆中Value空间中的4D张量$\boldsymbol{v}^Q$的内积矩阵，读取出记忆中与查询帧相似的目标特征（Read out）。然后将读取出的目标特征与当前帧在Value空间的张量$\boldsymbol{v}^M$进行级联，为Dec解码器提供目标的时间与空间信息，最终以像素为单位进行预测。

网络优缺点：STM通过增加目标在时间和空间上的信息，来维持模型在时间维度的稳定性。如果STM想要获取更高的精度和更好的帧间演化，就需要对尽可能多的过去帧进行匹配，也就需要更多的物理资源去储存Key与Value空间的嵌入张量。随着时间增长，外部储存器占用的计算资源和内存资源也将越来越多，限制网络的应用范围。大量记忆增加网络精度的同时，也导致记忆的时空冗余。时空冗余概念用式（5-1）进行解释：

$$T \propto O(N_m, N_q) \tag{5-1}$$

式中，时空匹配的推理时间T与记忆帧和查询帧中的像素数N_m和N_q之间呈正相关，时空冗余表示为N_m中含有大量不利于精确分割的像素。

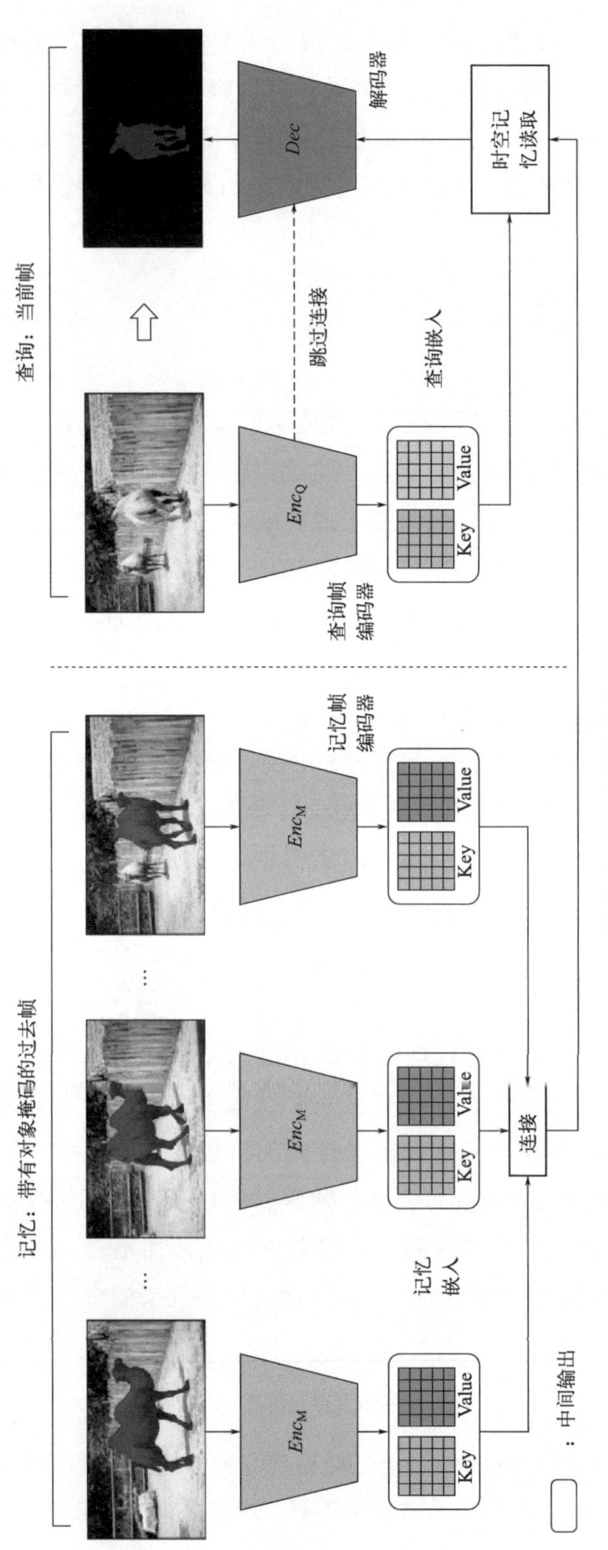

图 5-1　STM 网络结构概述

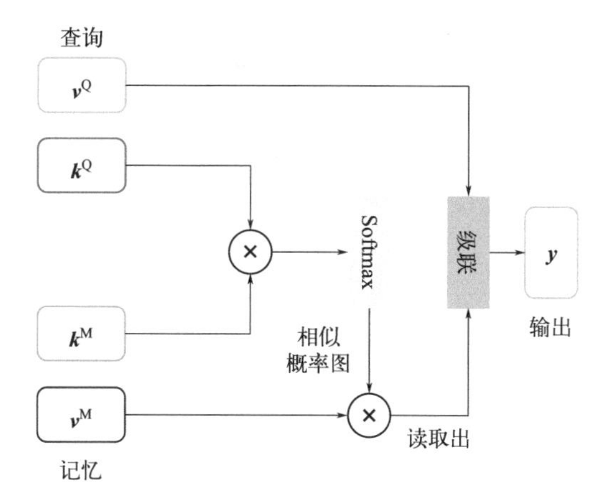

图5-2　Space-time Memory Read模块计算过程

5.2　多级记忆聚合模块

为减少时空冗余带来的影响，MMA-Net提出一种记忆管理和应用的方法。该方法首先采样5个相邻帧作为记忆的输入，再利用多级记忆聚合模块（LGMA）对查询帧的前五帧进行记忆的提纯和读取，最终形成两种不同尺寸的记忆注意力图，本节将介绍多级记忆的工作原理和其优缺点。

多级记忆聚合模块的目的是对多个过去帧的空间信息进行提纯，以获得目标的重要特征信息。其中，多帧注意力模块用于对5个过去帧的目标特征进行提纯。如图5-3所示，模块的输入是由5个相邻帧提供的特征 $\{Z_1, Z_2, Z_3, Z_4, Z_5\}$ 堆叠而成，将堆叠后的特征经过一个1×1卷积层、两个连续的3×3卷积层、一个1×1卷积层和一个Softmax函数来生成一个具有5个特征通道的注意力图 W。最终，将 W 的每个通道与5个输入特征相乘，并将结果进行相加，以生成多帧注意力（Z_{att}）。Z_{att} 的计算公式如式（5-2）所示:

$$Z_{att} = \sum_{i=1}^{5}(W, \otimes Z_i) \tag{5-2}$$

如图5-4所示，多级记忆聚合模块（LGMA）有两种视频特征输入。

第一种为正序视频特征，这些特征由记忆帧编码器进行编码，再将它们分别嵌入到Key和Value空间中，按顺序堆叠，形成正序视频特征。第二种为乱序视频特征，是将正序视频特征随机打乱组合而成，这些特征用于去除时序信息，增强目标的语义信息。

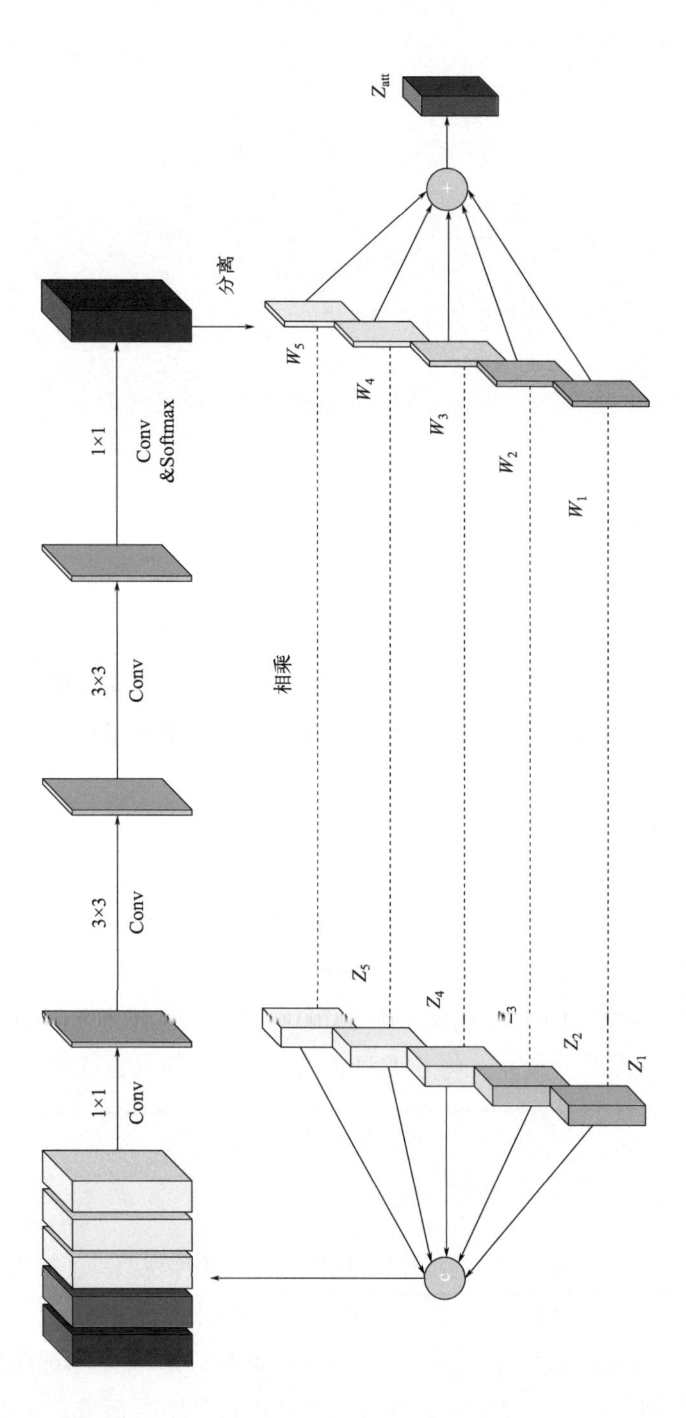

图5-3 多帧注意力模块的概述

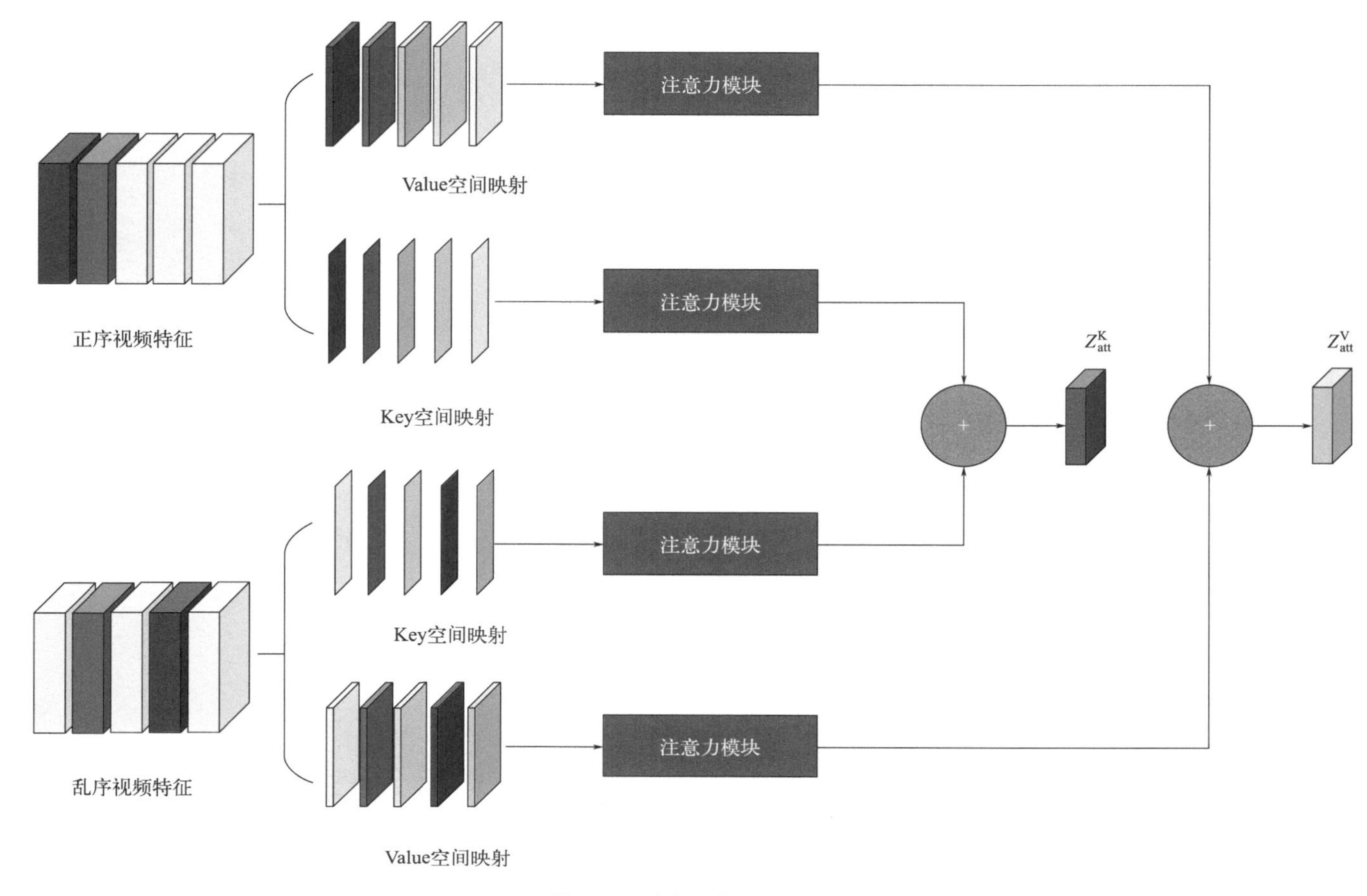

图5-4 多级记忆聚合模块

LGMA将Key空间中的正序视频特征在多帧注意力模块中求得注意力图作为局部记忆，在Key空间中利用乱序视频特征求得注意力图作为全局记忆。最后将全局记忆和局部记忆进行元素级相加，得到Key空间的聚合特征Z_{att}^{K}，同理可得Value空间的聚合特征Z_{att}^{V}。

网络优缺点：多级记忆聚合模块用多级特征注意力图来增强目标语义信息，但乱序视频特征减少了模型在帧间演化的学习，削弱了网络在时间维度的稳定性。多级记忆聚合模块具有明显的迟滞性，需要积累足够的视频特征才能应用，模型未考虑时序信息下存在的记忆固有误差问题。

5.3　Siamese网络

模板匹配是VOS任务的传统方法之一，它利用卷积神经网络生成模板，并计算输入与模板的相似度，这种相似度计算过程也被称为匹配操作。目前大多数基于模板匹配的工作采用暹罗（Siamese）网络中的方法。本节主要介绍暹罗网络的匹配原理和网络框架。

5.3.1　深度相似性学习

在Siamese网络中，网络通过相似性学习来跟踪任意目标。这种相似性学习被定义为式（5-3）：

$$S = f(x,z) \tag{5-3}$$

式中，z代表网络需要跟踪的样本图像；x代表与样本图像相同大小的候选图像；函数$f(\ )$为相似性计算网络；S代表被跟踪目标的样本图像与候选图的标量值得分。如果两张图像描述同一物体，则返回高分，否则返回低分。

在深度卷积神经网络中相似性学习通常使用Siamese架构，该架构应用相同的转换函数$\varphi(\ )$，对需要跟踪的样本图像z和候选图像x进行转换，并保持转换结果具有相同的通道数目，最后利用相似性度量函数$g(\ )$结合两种转换结果。Siamese框架由式（5-4）进行定义：

$$f(x,z) = g[\varphi(z),\varphi(x)] \tag{5-4}$$

5.3.2 全卷积暹罗网络

全卷积暹罗网络（FC-Siamese）将候选图像的转换特征图划分为密集的网格，并且在一次得分评估中计算密集网格上所有转换子窗口的相似性。如图5-5所示，网络使用卷积代替转换函数$\varphi()$，并使用交叉相关层来生成分数图。在分数图中标注出搜索图像与样本图像中分数最高的橙色和蓝色区域。FC-Siamese框架由式（5-5）进行定义：

$$f(x,z)=\varphi(z)\times\varphi(x)+b_1 \tag{5-5}$$

式中，b_1表示在每个位置取值$b\in\mathbb{R}$的信号。FC-Siamese的输出不是单一的标量值，而是一个定义在有限网格上的分数图。交叉相关层在数学上使用内积计算特征图间的相关性。

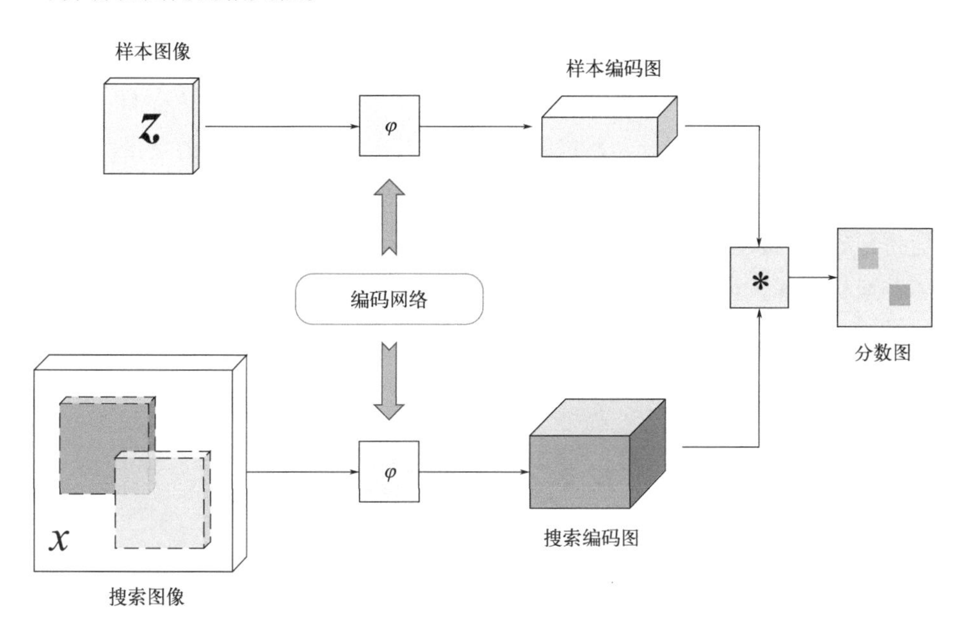

图5-5　FC-Siamese框架

FC-Siamese网络的匹配过程如图5-6所示，网络使用目标先前帧作为搜索图像（Search Image），并将样本图像（Reference Image）与搜索图像进行全卷积编码，最终得到样本编码图（Reference Embedding）和搜索编码图（Search Embedding），再利用内积矩阵得到最大分数图（Correlation Map）。FC-Siamese网络通过分数图的最大值的位置来确定目标相对于上一帧的位移来实现目标的跟踪。用最大分数相对于分数图中心的位置乘以编码网络

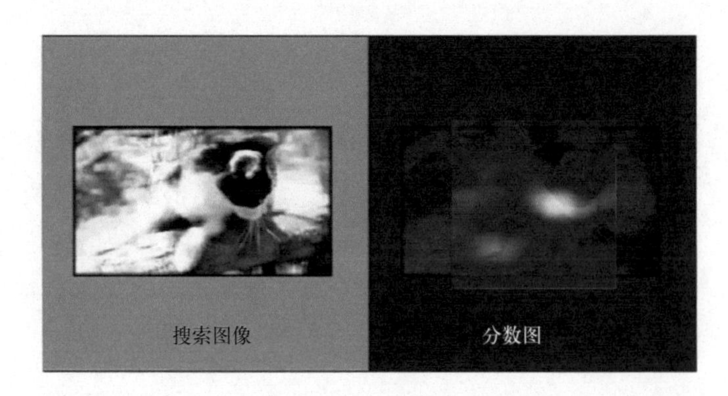

图5-6 FC-Siamese网络的匹配过程

（Embedding Network）的步幅，得到目标在帧与帧之间的位移。

网络优缺点：FC-Siamese把演化问题转换成模板匹配的问题，模型推理过程不需要更新模板，实现了较高的速度。但FC-Siamese是一种模板匹配的任务，在跟踪过程中不更新目标模板和网络权值会造成如下问题。

①当目标发生较大形变时，目标候选框与目标模板出现较大差异，从而导致演化失败，使用同一套网络结构和网络权重难以适应所有的场景。

②对简单背景下的目标演化，该算法能基本平衡实时性与准确性要求，但是目标一旦发生遮挡、快速运动或外观相似，搜索图像的大小可能就覆盖不了目标，通过最后的相似性度量函数得出来的结果就是错误的，随着演化过程的错误累加，导致目标演化失败，模型精度随之下降。

5.4 自适应模板匹配

为解决FC-Siamese网络跟踪失败和跟踪丢失等问题，Park等人提出一种随时间更新的自适应模板（ATM），该模板由给定的初始帧进行初始化，并随着时间推移，对模板中的目标信息进行迭代和更新，来适应各种情况下目标的跟踪。

5.4.1 目标的嵌入向量

在TTVOS中，嵌入向量表示为目标内部像素与非目标内部像素间的差距，该嵌入向量能够很好地描述目标特征。

为构造当前帧的嵌入向量，网络首先将上一帧的主干网络特征$f(\boldsymbol{X}_{t-1})$和之前帧估计的热力图$\hat{H}_{t-1}$在通道维度上连接起来，以抑制远离目标对象的信息。然后将连接的特征图记为$\boldsymbol{X}_{t-1}$。$\boldsymbol{X}_{t-1}$经历两个单独的卷积，得到特征$g(\boldsymbol{X}_{t-1})$、$f(\boldsymbol{X}_{t-1}) \in \mathbb{R}^{C\times H\times W}$,再将这两种特征图重塑为$C\times HW$和$HW\times C$，利用式（5-6）计算嵌入向量$\boldsymbol{I}$。

$$\boldsymbol{I} = \sigma\left[f(\boldsymbol{X}_{t-1})\times g(\boldsymbol{X}_{t-1})^{\mathrm{T}}\right] \in \mathbb{R}^{C\times C} \tag{5-6}$$

式中，$\sigma(\,)$是一个逐行应用的Softmax函数；$f(\boldsymbol{X}_{t-1})\times g(\boldsymbol{X}_{t-1})$的计算过程如图5-7所示。网络将目标特征$g(\boldsymbol{X}_{t-1})$与$f(\boldsymbol{X}_{t-1})$沿着整个$HW$平面进行比较，用于抑制不相关的信息。$\boldsymbol{I}_{i,j}$是嵌入向量在（$i$，$j$）位置的元素，如果$g(\boldsymbol{X}_{t-1})$的第$i$个通道与$f(\boldsymbol{X}_{t-1})$的第$j$个通道相似度较高，则$\boldsymbol{I}_{i,j}$的合成值将较高。

5.4.2　自适应模板匹配与更新

如图5-8所示，自适应模板（ATM）的左侧为自适应模板的生成阶段，该阶段的输入是由上一帧的编码特征和之前帧的热力图组成，经过两种卷积函数的变换,利用点积的形式求得自注意力，再将自注意力进行归一化求得嵌入向量矩阵$\boldsymbol{I}$。自适应模板利用加权求和进行更新，如式（5-7）如示：

$$\boldsymbol{TP}_t = \frac{t-1}{t}\boldsymbol{TP}_{t-1} + \frac{1}{t}\boldsymbol{I} \tag{5-7}$$

式中，$\boldsymbol{TP}_t$是当前帧的自适应模板；$\boldsymbol{TP}_{t-1}$是上一帧的自适应模板。

网络将当前帧特征与之前帧的热力图进行连接，经过两种卷积函数变换后得到当前帧特征，再利用点积将自适应模板与当前帧特征进行匹配，得到匹配结果。网络将匹配结果与另一种当前帧特征进行连接，再经过一个卷积层后进行输出。

网络优缺点：ATM的应用减少了与大参数网络的性能差距，加快了网络推理的速度。ATM通过随时间更新的模板改善目标在帧间的细节，并处理物体形状的演化。但ATM属于轻量化的跟踪网络，其精度远远落后于时空记忆网络，网络的精度依赖于主干网络的编码精度，在推理速度和精度方面取舍较为困难。

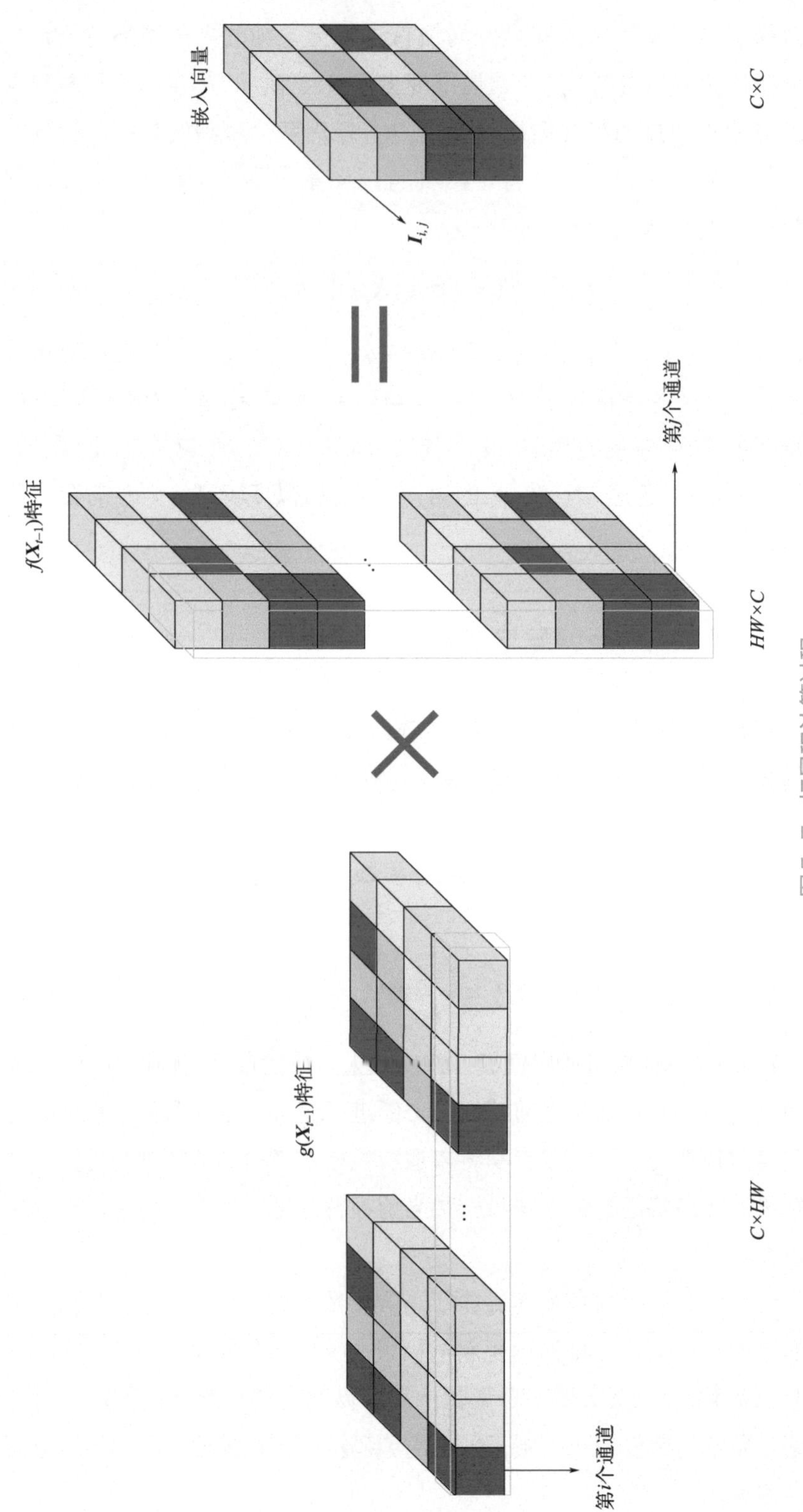
嵌入向量
I_{i,j}
C×C
f(X_{t-1})特征
第j个通道
HW×C
g(X_{t-1})特征
C×HW
第i个通道

图5-7　标量积计算过程

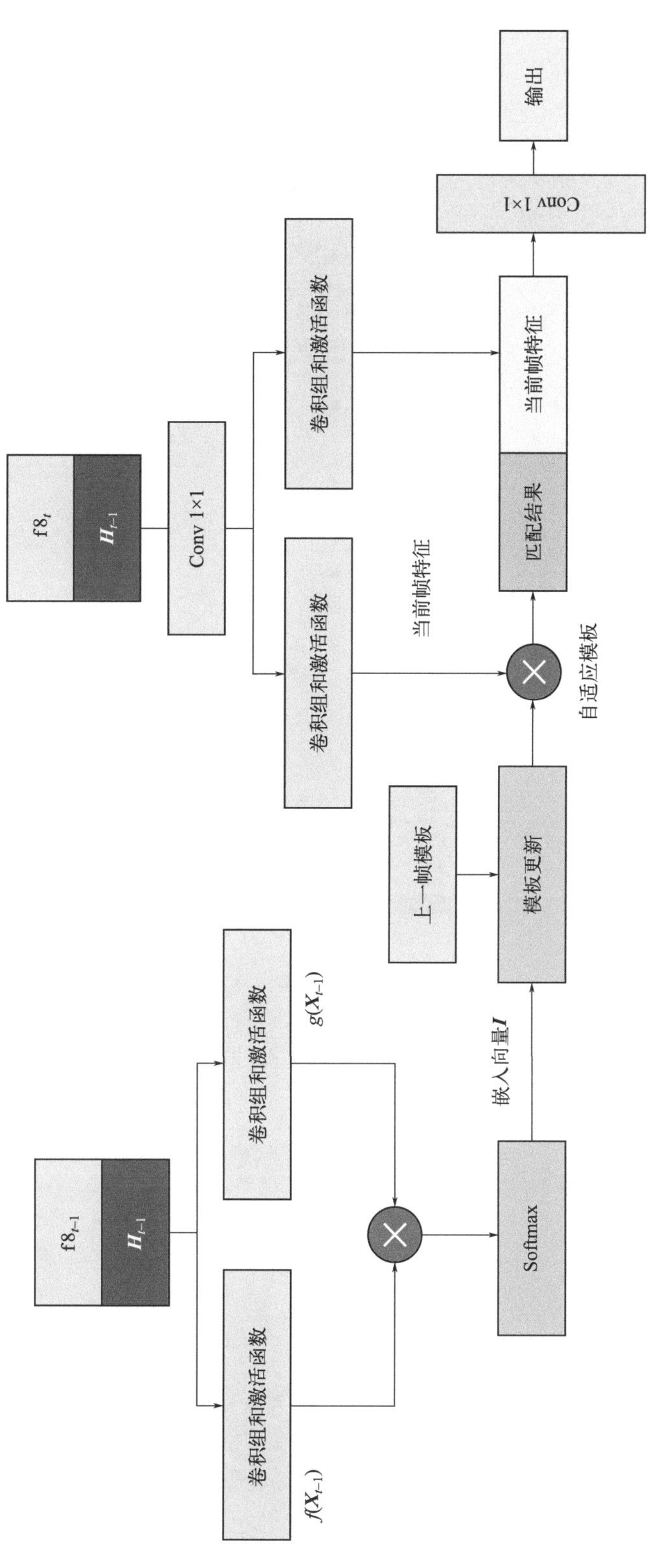

图5-8　自适应模板匹配与更新

本章小结

本章详细介绍了时空记忆网络和模板匹配网络的工作原理，针对STM网络与Siamese网络的缺点，介绍了由时空记忆网络衍生的多级记忆聚合网络和基于Siamese网络的自适应模板匹配网络。其中，多级记忆聚合网络的设计灵感源于对STM网络在特定场景下性能下降的观察，并将时空记忆网络进行演进和增强，旨在提高网络的泛化性。基于Siamese网络的自适应模板匹配网络专注于优化模板匹配网络的性能，通过在Siamese网络中嵌入自适应机制，实现网络对匹配过程的智能调整，以适应不同的输入条件。

第6章

基于MMA-Net的轻量级视频实例车道线检测技术

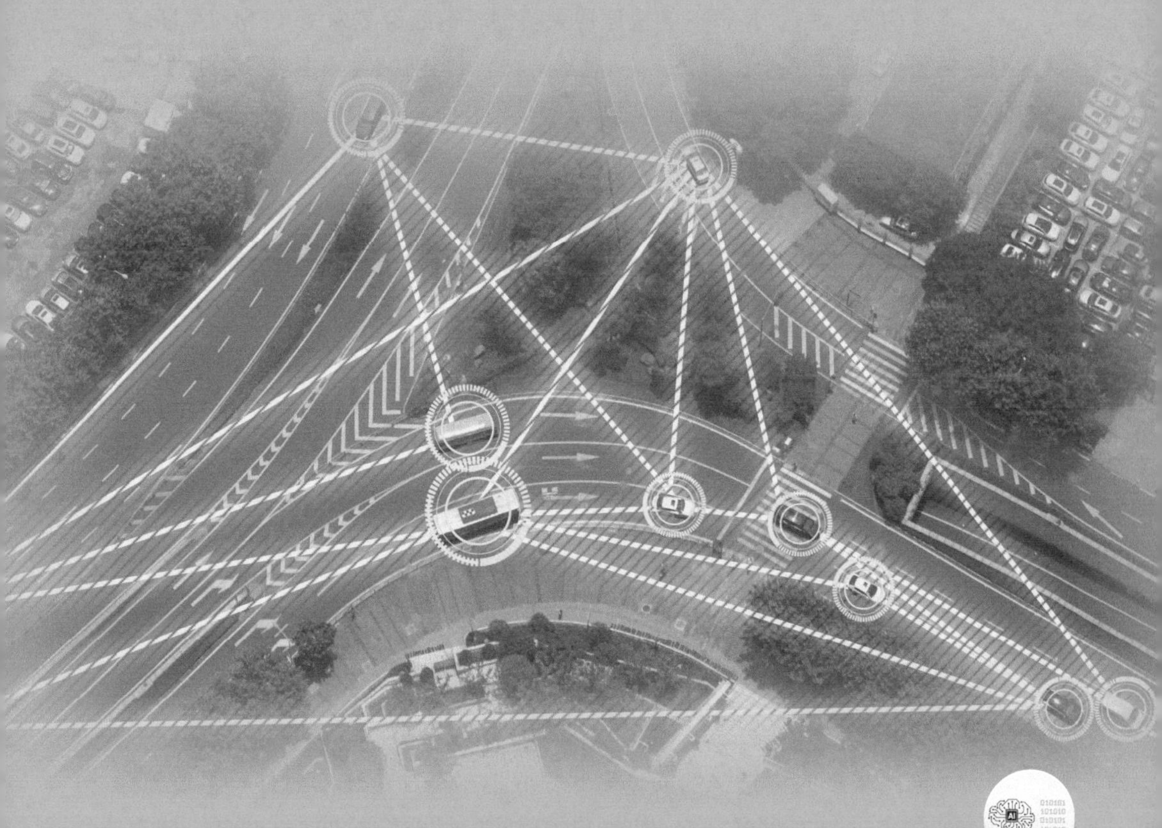

目前，基于VOS的MMA-Net网络拥有更好的帧间演化精度，但其复杂的网络结构和庞大的参数量，导致推理速度较低，在车载系统的数据处理中难以满足实时性。因此，本章的研究重点旨在解决模型编码器在精度和速度之间的平衡问题。本章的轻量化设计包括两个部分：

① 在记忆帧编码器中，将轻量的ResNet-18与本章提出的融合与注意力模块相结合，以提高记忆的精度和推理速度；

② 在查询帧编码器中，将轻量级的短期密集型连接网络（Short-Term Dense Concatenate Network）与本章提出的全局上下文模块相结合，以加快网络对当前帧的推理速度，获得多尺寸高精度特征。

6.1 FMMA-Net网络结构

本章构建一种基于VOS的快速视频实例车道线检测网络（FMMA-Net），网络框架如图6-1所示。首先，FMMA-Net使用当前帧编码器（G-STDC）对当前帧进行编码，并将编码后的特征嵌入到Key空间和Value空间，以生成查询特征Q。

在记忆编码过程中，将一张过去帧和其对应的掩码输入到记忆帧编码器（ResNet-18-FA）中得到全局特征，再将来自G-STDC的特征与全局特征融合得到混合特征。模型将过去五帧的全局特征和混合特征嵌入到Key和Value空间，然后在Local-Global Memory Aggregation（LGMA）中进行聚合，获得混合记忆M_1和全局记忆M_2。最后利用记忆读取模块（Memory Reading）分别计算Q与M_1、M_2的L_1相似度，得到读取特征R_1与R_2。FMMA-Net的解码器遵循文献的规定进行设置，该解码器将读取特征与来自不同感受野的特征图进行融合上采样，来恢复当前帧车道线掩码的分辨率。

6.2 记忆帧编码器设计

主流的基于时空记忆的模型无法很好地平衡精度和实时性，主要因为该框架的网络需要消耗大量的时间与计算成本用于编码记忆特征。例如，MMA-Net在VIL-100数据集上取得最佳性能，但由于其庞大的记忆帧编码

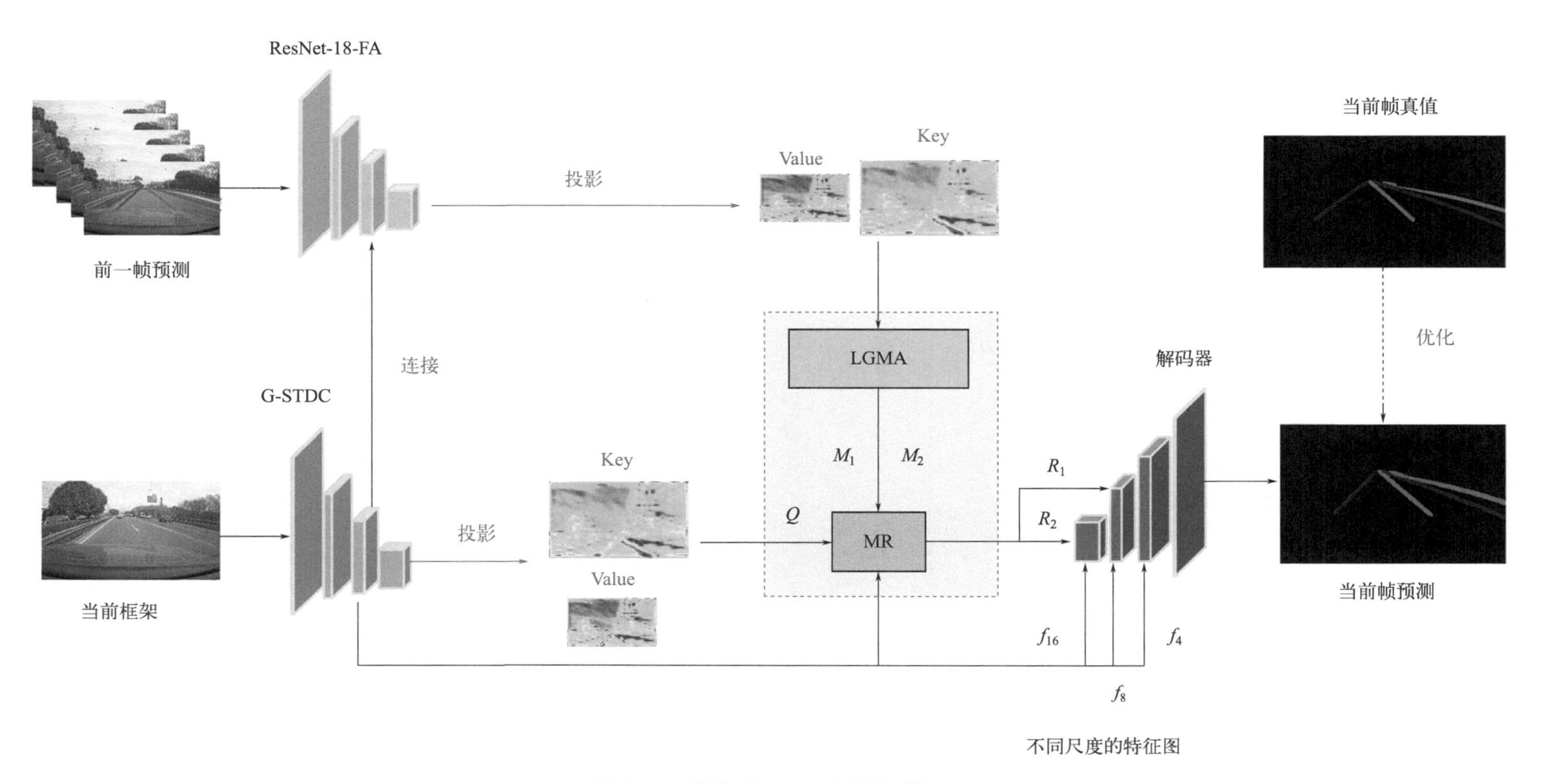

图6-1　FMMA-Net的网络框架

器，难以满足实时性要求，因此，记忆帧编码器的轻量化设计在模型加速方面显得尤为重要。

如表6-1所示，STM对目标跟踪和分割的精度依赖于记忆帧数，每五帧取一帧作为记忆的精度远大于取第一帧和上一帧作为记忆，这表现为记忆数量越多，STM精度越高。但由于硬件限制，记忆的数量不可能无限增长。本节从记忆精度出发，根据结构化的道路信息让网络学习每条实例车道线的位置特征，用少量的高精度记忆来替代冗余的低精度记忆。

表6-1　不同记忆帧数下STM在三种视频分割数据集下的精度表现

记忆帧数	YouTube-VOS	DAVIS-2016	DAVIS-2017
第一帧	68.9	81.4	67.0
上一帧	69.7	83.2	69.6
第一帧和上一帧	78.4	87.8	77.7
每五帧	**79.4**	**88.7**	**79.2**

如表6-2所示，ResNet-18在ImageNet数据集上拥有较高的速度和更小的网络尺寸。为加快记忆的推理速度，本章选用更为轻量的ResNet-18作为记忆帧编码器的主干网络。与MMA-Net的记忆帧编码器（ResNet-50）相比，ResNet-18在加快推理速度的同时，会降低推理的精度。

表6-2　不同网络在ImageNet数据集上的比较

网络	精度	参数量	浮点计算量	fps
ResNet-18	69.0	**11.2**	1800M	1058.7
ResNet-50	75.3	23.5	3800M	378.3
DenseNet161	76.2	28.6	7818M	255.0
STDC	**76.4**	12.5	**1446M**	**1289.0**

在有些研究中，允许多个编码器相互通信以获得更丰富的特征；而在多任务网络中，共享信息是其良好性能的关键。在多帧车道线预测任务中，车辆在固定场景下行驶，车道线的位置和形状等信息不会发生显著变化，这使得查询帧的车道线特征与记忆帧的车道线特征非常相似。因此，重新利用查询特征来生成记忆特征是很自然的。此外，查询帧编码器的特征源于更深的连接网络，拥有更加高级的语义信息。ResNet-18的网络层数较少，包含较多底层语义特征，因此，两者相同尺寸的特征可以相互补充。当查询帧和记忆帧之间存在较大的差距时，融合这两种互补的特征可以减小编码器间的输出差距，从而获得更高精度的记忆特征。

6.2.1 ResNet-18-FA网络结构

本节构建的记忆帧编码器结构如图6-2所示，将给定的五张图像$\boldsymbol{W}\in\mathbb{R}^{C\times H\times W}$和其对应的估计掩码$\boldsymbol{Z}\in\mathbb{R}^{C\times H\times W}$输入ResNet-18中，图像的尺寸与掩码尺寸相同。ResNet-18依次对（$\boldsymbol{W}$+$\boldsymbol{X}$）图像进行提取，得到两种不同尺寸的特征。然后利用本章设计的融合与注意力模块（Fusion and Attention Block）处理（$\boldsymbol{W}$+$\boldsymbol{X}$）的不同尺寸特征：

① 针对大尺寸特征，利用FA的位置注意力模块捕捉每条实例车道线的顺序信息和空间位置信息后，在原特征中叠加这两种信息，得到全局特征f_8。

② 针对不同编码器之间的特征交流，利用FA的融合模块，将来自当前帧编码器的特征与ResNet-18的特征进行融合，实现高语义特征与低语义特征的融合，得到混合特征f_{16}。

6.2.2 融合与注意力模块

为满足实时性要求，本章以轻量的位置注意力模块（CA）作为改进基础，CA不仅考虑通道间的特征信息，还考虑与方向相关的位置信息。在图6-3中，CA与SE、CBAM相比，它在各种视觉任务中都具有更高的提升，尤其在分割任务中，对网络的精度提升更高。CA模块结构见图6-4。

融合与注意力模块（FA）如图6-2所示，它总共包含两个改进的位置注意力模块、两个残差块和一个卷积封装块，其数学模型如式（6-1）：

$$\text{output}=\begin{cases}\text{Fusion}(x,y) & x\neq 0, y\neq 0\\ \text{Attention}(x,y) & x\neq 0, y\neq 0\end{cases} \tag{6-1}$$

其中，改进的位置注意力模块主要调整编码实例的数量以及获取单实例的序列特征，以提高网络与多车道线网络的远程空间交互能力。它的水平位置编码层是一个形状为（1, W）的池化层，垂直位置编码层是形状为（H, 1）的池化层。当给定一个输入特征f_{in}，位置注意力模块沿垂直方向进行位置编码，利用式（6-2）计算其编码结果（f_c^H）$_p$：

$$(f_c^H)_p=S_{0\leqslant j\leqslant H}\left[\frac{1}{W}\sum_{0\leqslant i\leqslant W}x_{\text{e}}(j,i)\right] \tag{6-2}$$

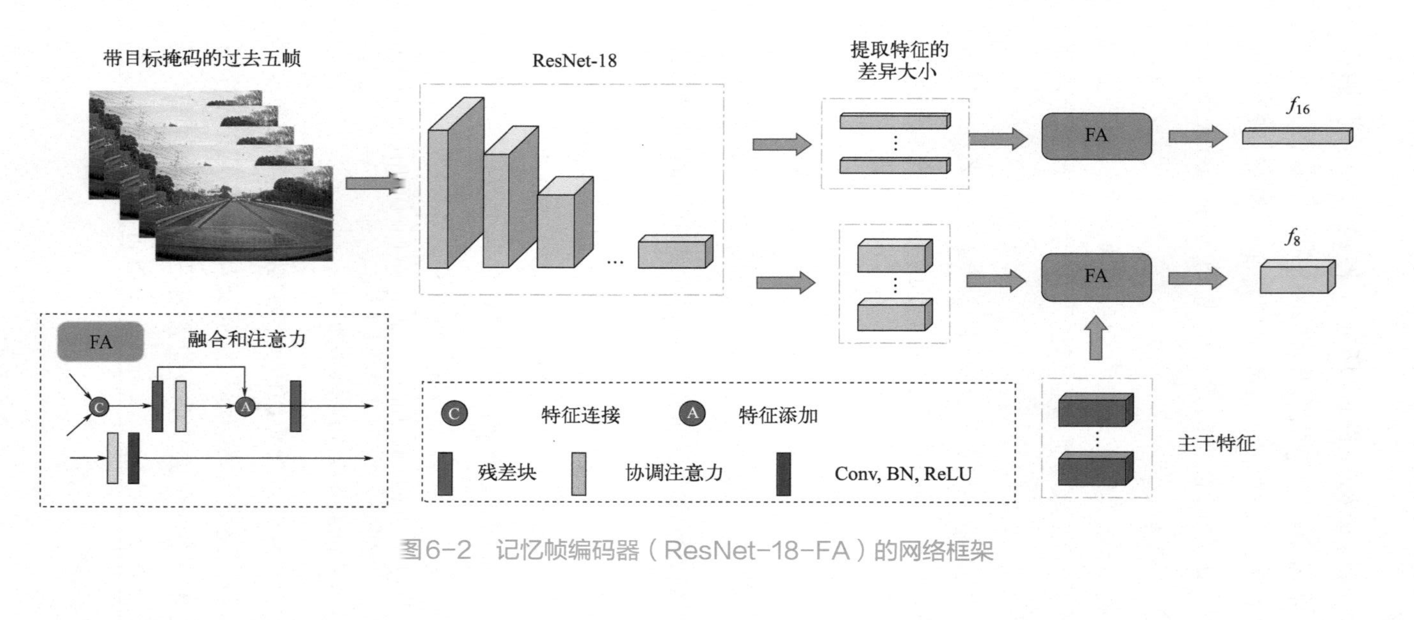

图6-2　记忆帧编码器（ResNet-18-FA）的网络框架

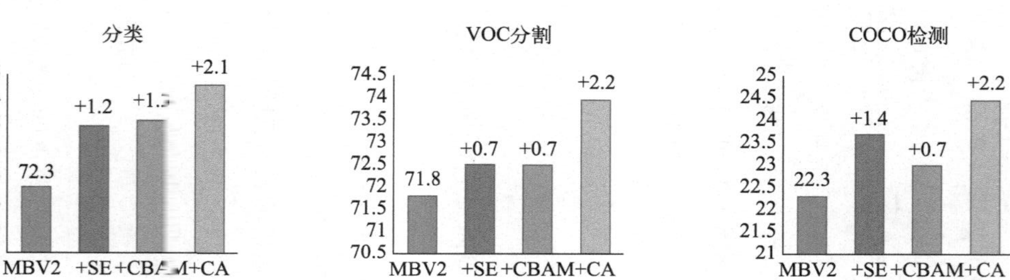

图6-3　不同注意力模块应用于MBV2网络在不同数据集的分割和检测精度

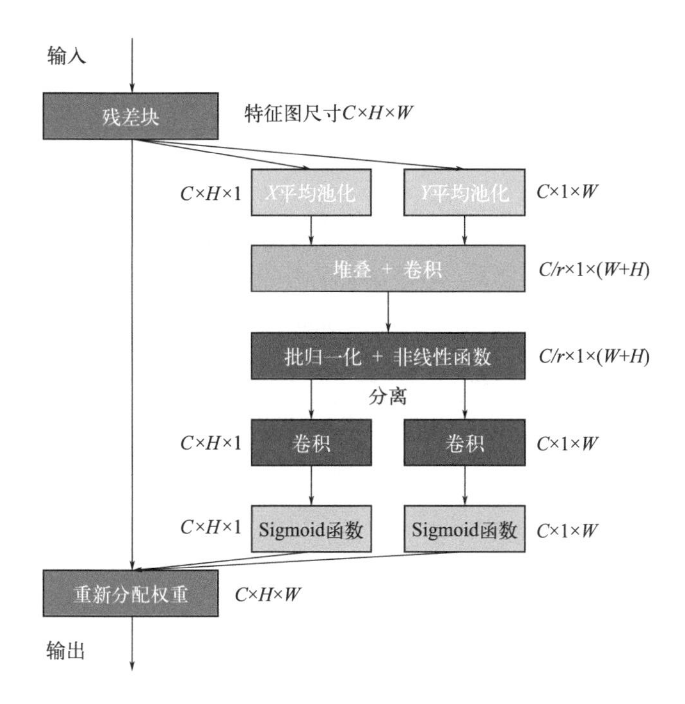

图6-4　CA模块结构图

式中，p代表f_{in}在实例维度上第p条实例车道线；c代表该实例的第c个特征图；函数$x_e(\ )$是形状为（1，W）的池化层；函数$S_{0\leqslant j\leqslant H}[\ ]$为垂直方向滑动计算；（$f_c^H$）$_p\in\mathbb{R}^{N\times C/r\times H\times 1}$，$r$代表特征图采样率，$N$代表实例维度的个数。因为（$f_c^H$）$_p$为特定实例的水平位置特征，所以$N$=1。

同样地，将输入特征f_{in}沿水平方向进行位置编码，利用式（6-3）计算其编码结果（f_c^W）$_p$:

$$(f_c^W)_p = S_{0\leqslant\varepsilon\leqslant W}\left[\frac{1}{H}\sum_{0\leqslant\beta\leqslant H} x_d(\varepsilon,\beta)\right] \tag{6-3}$$

式中，（f_c^W）$_p\in\mathbb{R}^{N\times C/r\times 1\times W}$；函数$x_d(\ )$为形状为（$H$，1）的池化层；函数$S_{0\leqslant\varepsilon\leqslant W}[\ ]$为水平方向滑动计算。

利用式（6-4）计算空间信息特征图（g）:

$$g = F_{1\times 1}(X\times\text{Sigmoid}(F_{1\times 1}(X))) \tag{6-4}$$

式中，$F_{1\times 1}(\ )$是1×1的卷积层；Sigmoid( )是非线性激活函数；X代表沿H方向将水平位置特征（f_c^W）$_p$与垂直位置特征（f_c^H）$_p$拼接的特征；$g\in\mathbb{R}^{1\times C/r\times(H\times W)\times 1}$。将空间信息特征图在水平和垂直方向进行分离和变形，得到$g^W\in\mathbb{R}^{N\times C/r\times 1\times W}$和$g^H\in\mathbb{R}^{N\times C/r\times H\times 1}$。

利用式（6-5）和式（6-6），分别计算该实例第c个特征图在垂直和水平方向上的注意力权重：

$$(K_c^W)_p = \text{Sigmoid}(F_W(g^W)) \tag{6-5}$$

$$(K_c^H)_p = \text{Sigmoid}(F_H(g^H)) \tag{6-6}$$

在式（6-5）和式（6-6）中，函数$f_W(\ )$和$f_H(\ )$均为1×1卷积；g^H和g^W分别为空间信息在垂直和水平方向上的中间特征图。

根据式（6-5）和式（6-6），计算n条实例车道线在所有特征图上的水平注意力权重［$K_1^W, K_2^W, K_3^W \cdots K_n^W$］和垂直注意力权重［$K_1^H, K_2^H, K_3^H \cdots K_n^H$］。根据式（6-7）和式（6-8），在水平和垂直方向上计算n条实例车道线的序列特征：

$$Z^W = \text{ord}\left(\left[K_1^W, K_2^W, K_3^W \cdots K_n^W\right]\right) \tag{6-7}$$

$$Z^H = \text{ord}\left(\left[K_1^H, K_2^H, K_3^H \cdots K_n^H\right]\right) \tag{6-8}$$

式中，函数ord( )依次连接每条实例车道线。

垂直位置序列特征$Z^H \in \mathbb{R}^{N\times C\times H\times 1}$，水平位置序列特征$Z^W \in \mathbb{R}^{N\times C\times 1\times W}$，改进的位置注意力模块的输出$S_\text{c}$可以表示为：

$$S_\text{c} = f_\text{in} \times Z^W \times Z^H \tag{6-9}$$

FA模块的Fusion分支输出F表示为：

$$F = \text{RES}(S_\text{c} \oplus f_\text{u}) \tag{6-10}$$

式中，$f_\text{u} \in \mathbb{R}^{N\times C\times H\times W}$是来自不同编码器的堆叠特征，使用残差块（RES）将堆叠特征进行融合。FA模块的Attention分支的输出A，可以写成：

$$A = \text{ConvX}(S_\text{c}) \tag{6-11}$$

式中，函数ConvX( )为卷积封装块，由1×1卷积、批量归一化（BN）层和激活函数（ReLU）组成。

6.3　查询帧编码器设计

查询帧编码器为网络提供最主要的当前帧特征，需要较深的网络结构来获取高级语义信息。深层网络增加更多的中间层变量，需要更多的计算成本。例如，ResNet-18与ResNet-50最大的区别是缺少更多用于学习目标语义信息的残差块。

ResNet网络核心是利用大量的特征图（特征图的数量=卷积个数=通道个数）来尽可能多地表达目标的细粒化特征（如种类、姿态、颜色、纹理、位置等），即ResNet-50会输出拥有大量通道的高语义特征，这对于目标检测是有利的。但在语义分割任务中，网络更加倾向于可扩展的接受域和多尺度信息来定位目标。文献指出，在高语义特征中大量的通道会产生冗余，减缓高语义特征的推理速度，增加网络的尺寸。为避免这种影响，本章选取STDC网络作为查询帧编码器的主干网络，在表6-2中，STDC的精度高于其他主干网络，并在速度上取得了先进水平。

6.3.1 STDC网络结构与分析

本节将重点介绍和分析STDC网络的结构与改进。STDC网络是由多个STDC模块构成，该模块的结构如图6-5（b）所示，它由四个卷积封装块（ConvX）组成，封装块结构如式（6-11）所示。STDC通过残差边融合多个封装块的输出特征，来获取更加丰富的目标特征。

如图6-5（a）所示，STDC网络在阶段1和阶段2用于底层特征提取，仅使用一个卷积封装块。从阶段3到阶段6，每个阶段的第一个STDC模块以2步长对图像进行下采样，STDC网络在每个阶段内保持空间分辨率不变。

然而，在进行网络迁移学习过程中，STDC网络的上下文模块（Context Block）并不适用于所有的任务。在其上采样过程中，使用最近邻插值（Nearest）算法，以加快网络在上采样环节的推理速度。但针对特定目标，Nearest无法还原目标真实的语义特征。如图6-6所示，对于细长的目标如车道线，最近邻插值结果拥有明显的棋盘形外观，网络无法学习到真实的车道线外形。

另外，Context Block未有效利用大尺寸特征，图6-7（a）为STDC网络在第1阶段输出的高分辨率特征图，该特征图包含一些低层次的语义信息，如轮廓、边界等。图6-7（b）为STDC网络在第5阶段输出的低分辨率特征图，随着网络的逐阶段下采样，特征图尺寸减小，高语义特征包含更抽象的概念，但缺乏像素级别的空间位置信息。

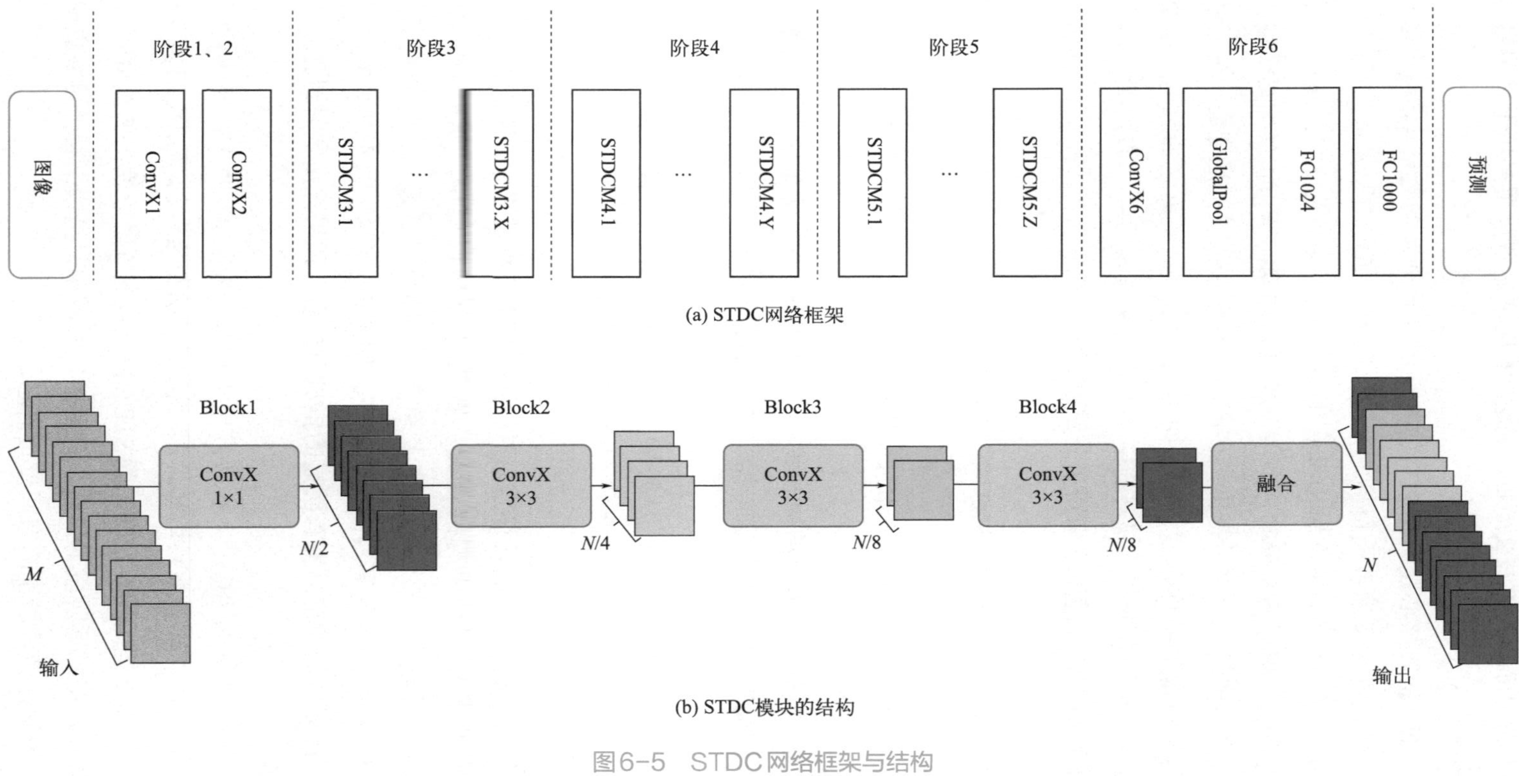

(a) STDC网络框架

(b) STDC模块的结构

图6-5 STDC网络框架与结构

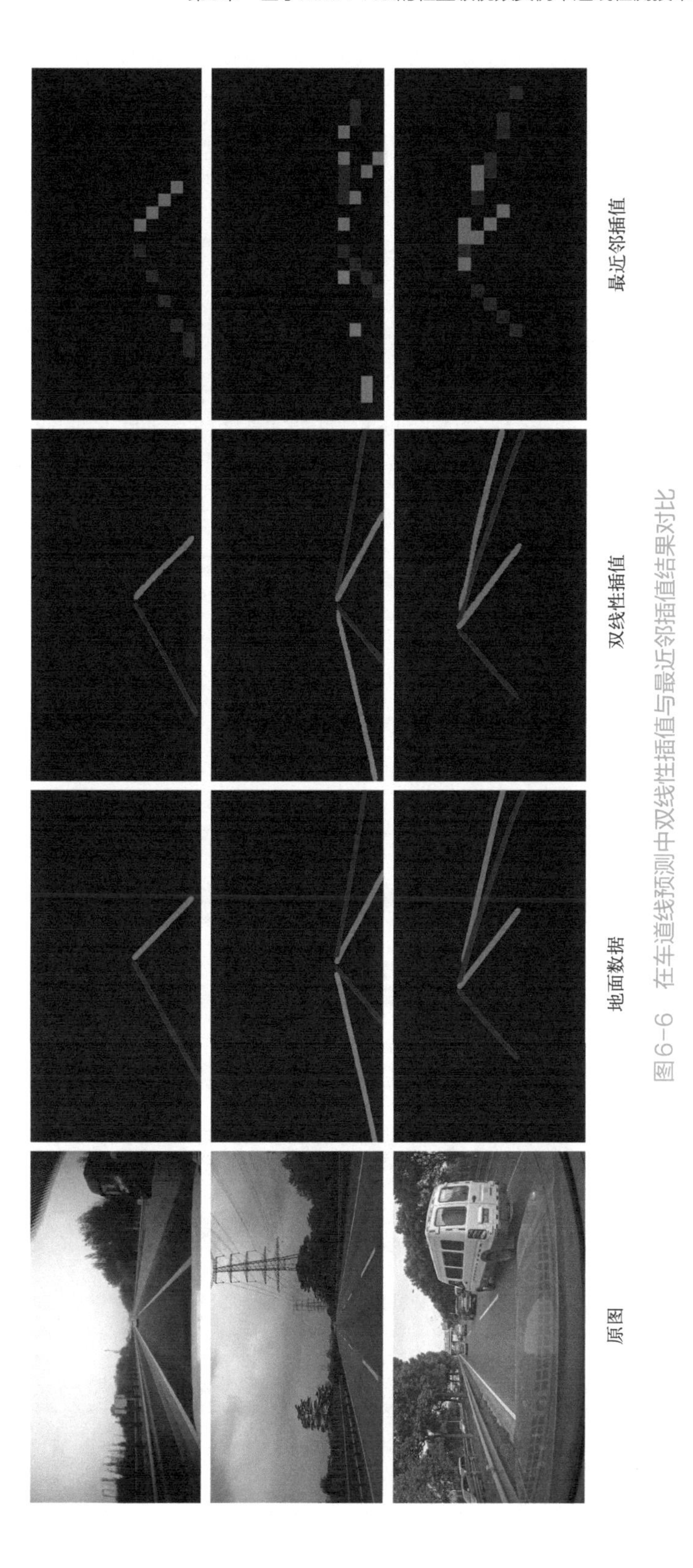

图6-6　在车道线预测中双线性插值与最近邻插值结果对比

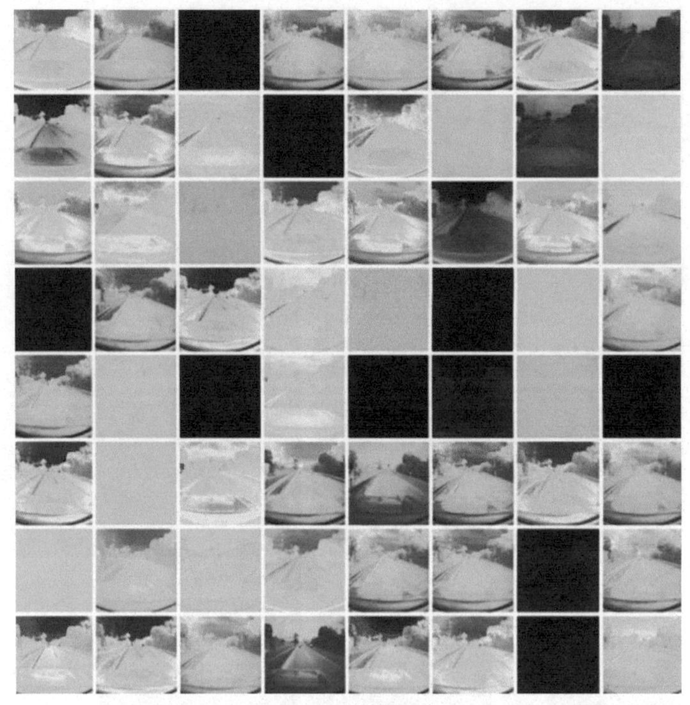

(a) 大尺寸车道线特征图

(b) 小尺寸车道线特征图

图6-7　多尺寸特征图可视化

为更好地处理车道线任务，本章设计一种全局上下文模块（Global-Context Block），该模块在上采样环节使用插值效果更好的双线性插值法（Bilinear），如图6-6所示，Bilinear可以更好地还原车道线的外形、轮廓和曲率信息。在多尺寸特征获取方面，Global-Context Block利用FA模块的融合分支提高多尺度特征精度。

6.3.2　G-STDC网络结构

如图6-8所示，查询帧编码器（G-STDC）的整体结构是由STDC网络和Global-Context Block组成。给定一张当前帧图像$W\in\mathbb{R}^{3\times H\times W}$，将它输入G-STDC中，该编码器首先利用STDC网络对W进行提取，得到五种不同尺寸的特征。这些特征经过Global-Context Block，自下而上地进行采样与融合，输出三种不同尺寸的查询特征f_{16}、f_8、f_4。

GC模块包含三种上采样模块和两种特征融合策略，其中小尺寸特征图

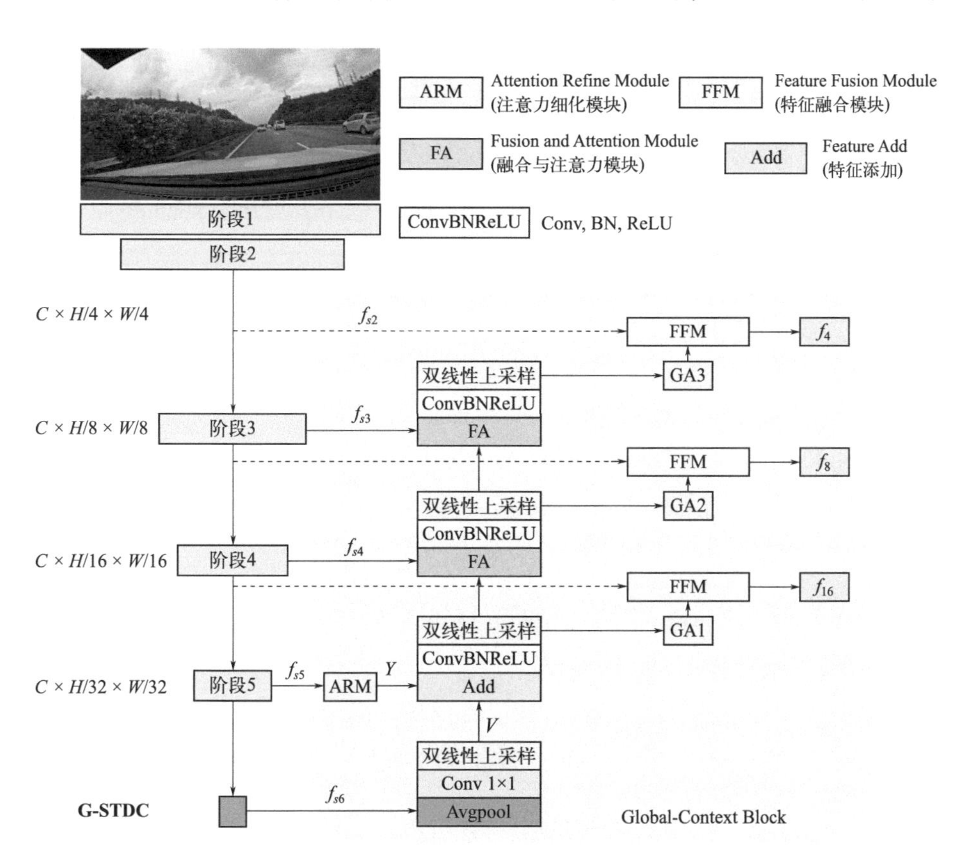

图6-8　查询帧编码器的网络框架

融合策略采用元素求和方式，将STDC网络的阶段输出特征和上个阶段的上采样特征在特征融合模块（FFM）中进行融合后输出。大尺寸特征图融合策略采用FA模块的Fusion分支，再经过FFM模块将STDC网络的阶段输出特征和上个阶段的上采样特征进行融合后输出。

6.3.3　全局上下文模块

本节从底层算法的角度，介绍Global-Context Block的设计过程。如图6-8所示，给定一张当前帧W，经过STDC网络进行特征提取，在第5阶段输出特征为f_{s5}，经过1×1卷积得到特征$f_{s6} \in \mathbb{R}^{C \times H/32 \times W/32}$。全局上下文模块首先将$f_{s6}$传递给第1种上采样模块，上采样结果$V$计算如下：

$$V = \text{upsample}\left(F_{1\times1}\left[\text{Avg}(f_{s6})\right]\right) \tag{6-12}$$

式中，$V \in \mathbb{R}^{C \times H/32 \times W/32}$；函数$F_{1\times1}[\ ]$为1×1卷积层；upsample( )为双线性插值算法。

网络感兴趣的区域Y通过ARM模块得到，计算公式如下：

$$Y = f_{s5} \times \text{Sigmoid}\left(\text{BN}\left[\text{Avg}(f_{s5})\right]\right) \tag{6-13}$$

式中，BN[ ]为批归一化层；Avg( )为平均池化层；Sigmoid( )为非线性激活函数。

GC模块的第2种上采样模块计算公式如下：

$$\text{GA1} = \text{upsample}(\text{ConvX}(Y \oplus V)) \tag{6-14}$$

式中，$\oplus$为逐元素相加；GA1为全局信息。

利用FFM模块，将网络第5阶段特征f_{s5}与GA1进行融合，输出查询特征$f_{16} \in \mathbb{R}^{C \times H/16 \times W/16}$，计算公式如下：

$$f_{16} = F_{1\times1}(P \oplus \text{Att}(F_{1\times1}(P))) \tag{6-15}$$

式中，函数Att( )是ARM模块，计算过程如式（6-13）所示；P是GA1和f_{s5}在通道维度上的连接特征。

将阶段4的输出特征f_{s4}和GA1在FA模块中融合，再将融合结果在第三个上采样模块中进行上采样。GC模块的第3种上采样模块计算公式如下：

$$\text{GA2} = \text{upsample}\left(\text{ConvX}\left[\text{Fa}\left(f_{s4}, \text{GA1}\right)\right]\right) \tag{6-16}$$

式中，Fa( )为FA模块的Fusion分支。

查询帧编码器的输出特征$f_8 \in \mathbb{R}^{C \times H/8 \times W/8}$可以表示为：

$$f_8 = F_{1\times1}\left(E \oplus \mathrm{Att}\left(F_{1\times1}\left(E\right)\right)\right) \tag{6-17}$$

式中，特征E是GA2和网络第3阶段的输出特征f_{s3}在通道维度上的连接特征。

GC模块将f_{s3}与GA2在FA模块中融合再进行上采样，全局信息GA3的计算公式如下：

$$\mathrm{GA}3 = \mathrm{upsample}\left(\mathrm{ConvX}\left[\mathrm{Fa}\left(f_{s3}, \mathrm{GA}2\right)\right]\right) \tag{6-18}$$

L是GA3和f_{s3}在通道维度上的连接特征，查询帧编码器的输出特征$f_4 \in \mathbb{R}^{C \times H/4 \times W/4}$可以表示为：

$$f_4 = F_{1\times1}\left(L \oplus \mathrm{Att}\left(F_{1\times1}\left(L\right)\right)\right) \tag{6-19}$$

6.4 网络的损失函数

在深度学习中，损失函数主要用于评估网络的性能，衡量网络预测值与真实标签值之间的误差。通过最小化损失函数，可以使网络更准确地预测车道线。

6.4.1 实例车道线存在预测损失函数

在车道线预测分支中，想要得到每条车道线在其通道内的存在概率，首先通过Softmax函数将预测图转换为概率图，然后使用交叉熵损失函数计算每条实例车道线的真值与预测值之间的差距。交叉熵损失函数的计算公式如下所示：

$$L_{\mathrm{exist}} = -\frac{1}{H \times W}\sum_{i=1}^{M}\mathrm{sum}\left(y_i\, log(\hat{y}_i)\right) \tag{6-20}$$

式中，函数sum( )为求和函数；y_i为第i个实例车道线的标签，存在则为1，否则为0；$\hat{y}_i$为第i个实例车道线的预测概率；M为车道线的个数；H和W为通道的高和宽。

6.4.2 实例车道线的mIoU损失函数

mIoU是交并比（IoU）的平均值，它通过计算预测和标签之间的交并比来评估分割效果，即计算每个像素点预测的类别与实际的类别是否一致。其计算公式如式（6-21）所示：

$$L_{\mathrm{mIoU}}=\frac{1}{K}\sum_{j=1}^{K}1-\frac{N_{\mathrm{p}}}{N_{\mathrm{p}}+N_{\mathrm{g}}-N_{\mathrm{o}}} \tag{6-21}$$

其中，N_{p}为预测车道线像素数；N_{g}为标签车道线像素数；N_{o}为预测车道线像素数之间重叠区域的车道线像素数；K为实例车道线的个数。通过公式计算预测车道线区域和地面实测车道线区域之间相交的区域。

6.4.3　总损失函数

FMMA-Net的总损失函数由L_{mIoU}和L_{exist}组成，如式（6-22）所示：

$$L=L_{\mathrm{mIoU}}+L_{\mathrm{exist}} \tag{6-22}$$

6.5　实验结果与分析

本节在视频级车道线数据集VIL-100中训练和测试FMMA-Net的速度和精度，从定量和定性的角度分析本章设计的FA模块和GC模块的有效性。

6.5.1　VIL-100数据集

VIL-100共收集了100个视频，每个视频隔3帧抽出一帧，抽出100帧作为一个训练集样本，它涵盖了10种常见的线路类型，如图6.9所示，其中包括单白实线、双黄实线、单白虚线等。VIL-100采集了不同的天气和光照条件，如炫光、阴影、拥挤、弯道等。所有的视频帧都用高质量的实例级车道线掩码仔细标注。对于每个视频，VIL-100在每一帧中沿着每个车道线的中心线放置一系列的点，并将它们存储在Json格式的文件中。每个车道线上的点都存储在一个组中，提供实例级的注释。最后用三阶多项式将每一组点拟合成一条曲线，并将其扩展到具有一定宽度的车道线区域。

VIL-100是首个标注车道线相对位置信息的数据集。它的相对位置表示方式是根据车道线与车辆之间的距离来确定的，距离越近，车道线标号越小。其中，偶数标号2_i，表示车辆右侧的第i条车道线，奇数标号2_{i-1}表示左侧的第i条车道线。在数据集中，相对于车辆不同位置的车道线被分配一个固定的颜色，以区分车辆的行为。它在同一帧中包含多个场景，包括变道和通过十字路口等。VIL-100数据集场景标注示例如图6-10所示。

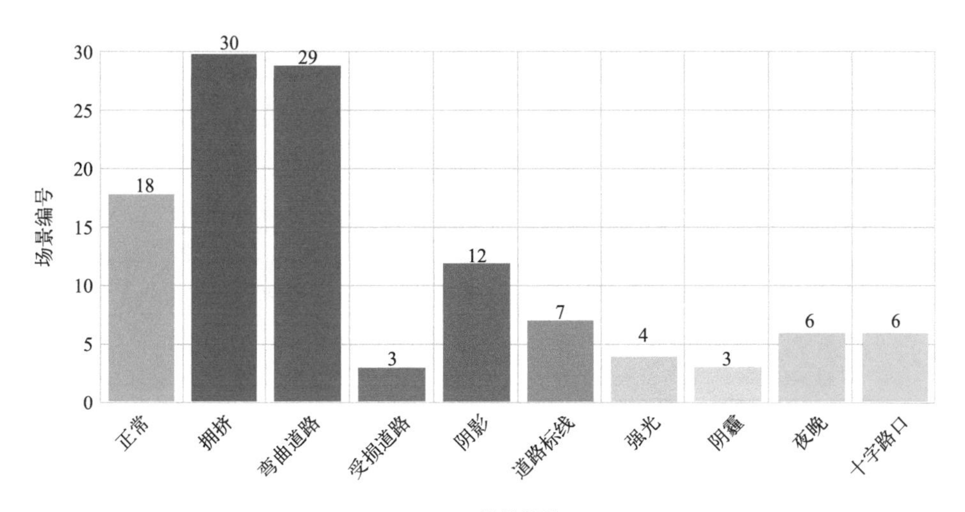

(a) 数据集场景分布直方图

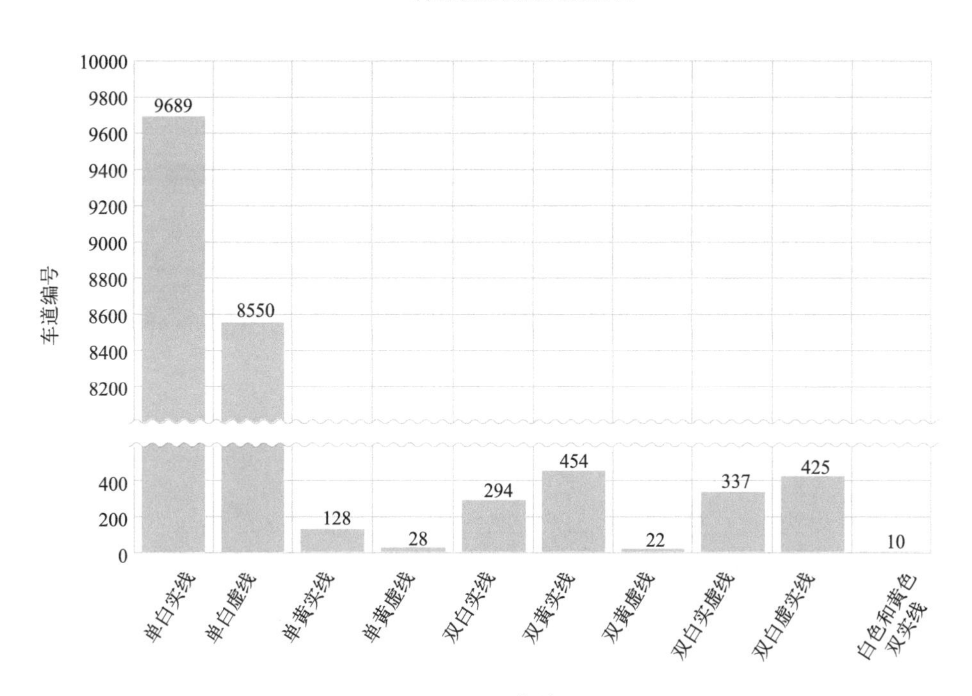

(b) 数据集线型分布直方图

图6-9 VIL-100视频数据集场景分析

图6-10　VIL-100数据集场景标注示例

6.5.2　图像级评价标准

图像级评价标准只需要对每张图像进行评估，在评估过程中需要的数据量相对较小。图像级评价标准是目前主流的车道线评价标准，用于评估不同的车道线检测算法的性能和推理速度。

（1）基于线的评价标准

在图像级车道线评价标准中，线的评价包含三种指标，分别为

Accuracy、FP、FN。其中，对于所有检测到的车道线，统计正确分类为车道线的数量除以总检测到的车道线数，即为Accuracy指标。FP为预测错误的车道线数，FN为未预测正确的车道线数。

（2）基于区域的评价标准

区域的重合度评价标准包含三种指标，分别为mIoU、$F1^{0.5}$、$F1^{0.8}$。其中，平均交并比（mIoU）是一种图像分割领域常用的评价标准，也被用于评估车道线检测算法的性能。IoU是通过计算网络生成的车道线区域（N_{overlap}）与真实车道线区域（N_{GT}）的相似度，来衡量各种算法生成的车道线区域与真实车道线区域的重叠面积比例。相似度计算公式为：

$$\text{IoU}=\left(N_{\text{overlap}}/N_{\text{GT}}\right)\times 100\% \tag{6-23}$$

根据计算的mIoU结果来设定阈值，一般为0.5或0.3。如果IoU大于设定值，则被认为正确检测到车道线。mIoU值的范围在0到1之间，值越高表示算法的性能越好。在车道线检测的任务中，mIoU通常被用于衡量算法检测车道线的精确性和召回率。它的计算公式为：

$$\text{mIoU}=\frac{1}{K}\sum_{k=1}^{K}\text{IoU} \tag{6-24}$$

式中，K为需要检测的车道线个数。

由于车道线的正样本在实际图片中只占有很小一部分像素，利用传统的图像的精确性和召回率不能很好地评价车道线网络的性能，因此在这里需要引入F1测量值（F1-Measure）来综合考量精确性和召回率指标。它是由精确性（Precision）和召回率（Recall）组成的调和平均值，衡量的是网络的整体性能。一般根据IoU的阈值，F1-Measure设置为$F1^{0.5}$、$F1^{0.8}$。计算精确性（Precision）的公式为：

$$\text{Precision}=\frac{\text{TP}}{\text{TP+FP}} \tag{6-25}$$

召回率（Recall）其公式为：

$$\text{Recall}=\frac{\text{TP}}{\text{TP+FN}} \tag{6-26}$$

F1-Measure的公式为：

$$\text{F1-Measure}=2\times\frac{\text{Recall}\times\text{Precision}}{\text{Recall}+\text{Precision}} \tag{6-27}$$

（3）网络计算速率

在车道线网络的评价标准中，fps（每秒帧数）是用来衡量网络推理速度的指标。fps=每秒显示帧数/总帧数×100%，fps越高代表网络拥有越快的推理速度。另外，车道线网络还可以用参数量（parameters）来评价，参数量越少，说明网络越简单，消耗的存储空间就越小。参数量计算公式为：

$$\text{parameters} = \sum_{l=0}^{L} C_{\text{o}}^{l}\left(K_{\text{w}}^{l} \times K_{\text{h}}^{l} \times C_{\text{i}}^{l} + 1\right) \tag{6-28}$$

式中，C^l_{o}表示第l层输出通道数；K^l_{w}、K^l_{h}表示第l层卷积核的宽和高；C^l_{i}表示第l层的输入通道数；L为卷积层数。

6.5.3 实验环境搭建与训练

本章实验在操作系统为Ubuntu18.04、GPU处理器为GTX3060的环境下搭建，基于Python 3.7、Pytorch1.8.0框架以及OpenCV、C++动态库等依赖库。在训练过程中，第一个训练阶段，对G-STDC主干进行训练，采用Adam优化器，学习速率为1×10^{-5}，动量值为0.9，权重衰减为1×10^{-4}。第二个训练阶段，加入LGMA模块对整体网络进行训练，采用SGD优化器，学习速率为1×10^{-3}，动量值为0.9，权重衰减为1×10^{-6}，小批量为1。

6.5.4 定量实验结果与分析

表6-3 FMMA-Net与基线网络在VIL-100数据集上的比较

网络	mIoU	$F1^{0.5}$	$F1^{0.8}$	Accuracy	FP	FN	fps	参数量/MB
MMA-Net	0.705	0.839	0.458	0.910	0.110	0.105	7.25	57.91
FMMA-Net	**0.713**	**0.844**	**0.462**	**0.915**	**0.102**	**0.101**	**20.76**	**25.41**

在表6-3中，基于八种图像级指标列出本章提出的FMMA-Net在VIL-100中的表现。与SOTA方法相比，Accuracy提升0.55%，FP降低7.27%，FN降低3.81%。与MMA-Net相比，FMMA-Net减少了车道线的漏检与误检问题，并在线型拟合精度上进行了提高。在区域重合度方面，$F1^{0.5}$提升0.60%，mIoU提升1.13%，$F1^{0.8}$提升0.649%，达到该数据集的先进水平。

表6-3中，在相同的硬件条件下，MMA-Net所需的模型参数是FMMA-Net的2.27倍，其检测速度约为FMMA-Net的1/3。因此，本章的模型方法不仅实现了更快的速度，而且显著提高了相应的分割精度。

6.5.5　定性实验结果与分析

图6-11为多个常见的交通场景（如阴天、傍晚、正常、拥挤、雾天等）的预测结果。从图中可以看出，在具有挑战性的雾天、傍晚、遮挡环境下，FMMA-Net能够更好地拟合出车道线，如第4行第3列、第4行第6列、第8行第6列所示。在图6-11的第7行，从第1列到第5列是MMA-Net在前五帧的预测结果，图中每条实例车道线的线性表达较差，导致网络整体预测精度受限。另外，MMA-Net在第3行的第1列到第6列，出现部分漏检和误检。整体而言，本章设计的FMMA-Net在视频的前几帧、多个场景中都拥有更高的精度。

6.5.6　融合与注意力模块的有效性

本节将测试不同的ResNet网络作为记忆帧编码器的性能，结果如表6-4所示。当不添加FA模块时，网络性能取决于记忆帧编码器的大小。根据先验知识，网络参数量越大，网络性能越好。具有融合模块的ResNet-50-FA，在mIoU、$F1^{0.5}$、$F1^{0.8}$、Accuracy、FP标准下效果最好，但其计算成本相对较高。ResNet-50-FA的参数量是ResNet-18-FA的1.9倍，速度只有ResNet-18-FA的一半。记忆帧编码器位于网络的前端，为网络提供不同的记忆特征。为更好地平衡性能和速度，本章最终选择ResNet-18-FA作为记忆帧编码器，以加快整个网络的预测速度。

表6-4　不同记忆帧编码器的消融结果

网络	mIoU	$F1^{0.5}$	$F1^{0.8}$	Accuracy	FP	FN	fps	参数量/MB
ResNet-18	0.684	0.828	0.454	0.903	0.119	0.122	**21.96**	**20.72**
ResNet-50	0.706	0.841	0.459	0.913	0.106	**0.098**	10.76	46.54
ResNet-18-FA	0.713	0.844	0.462	0.915	0.102	0.101	20.76	25.41
ResNet-50-FA	**0.715**	**0.849**	**0.465**	**0.917**	**0.098**	0.111	9.42	48.34

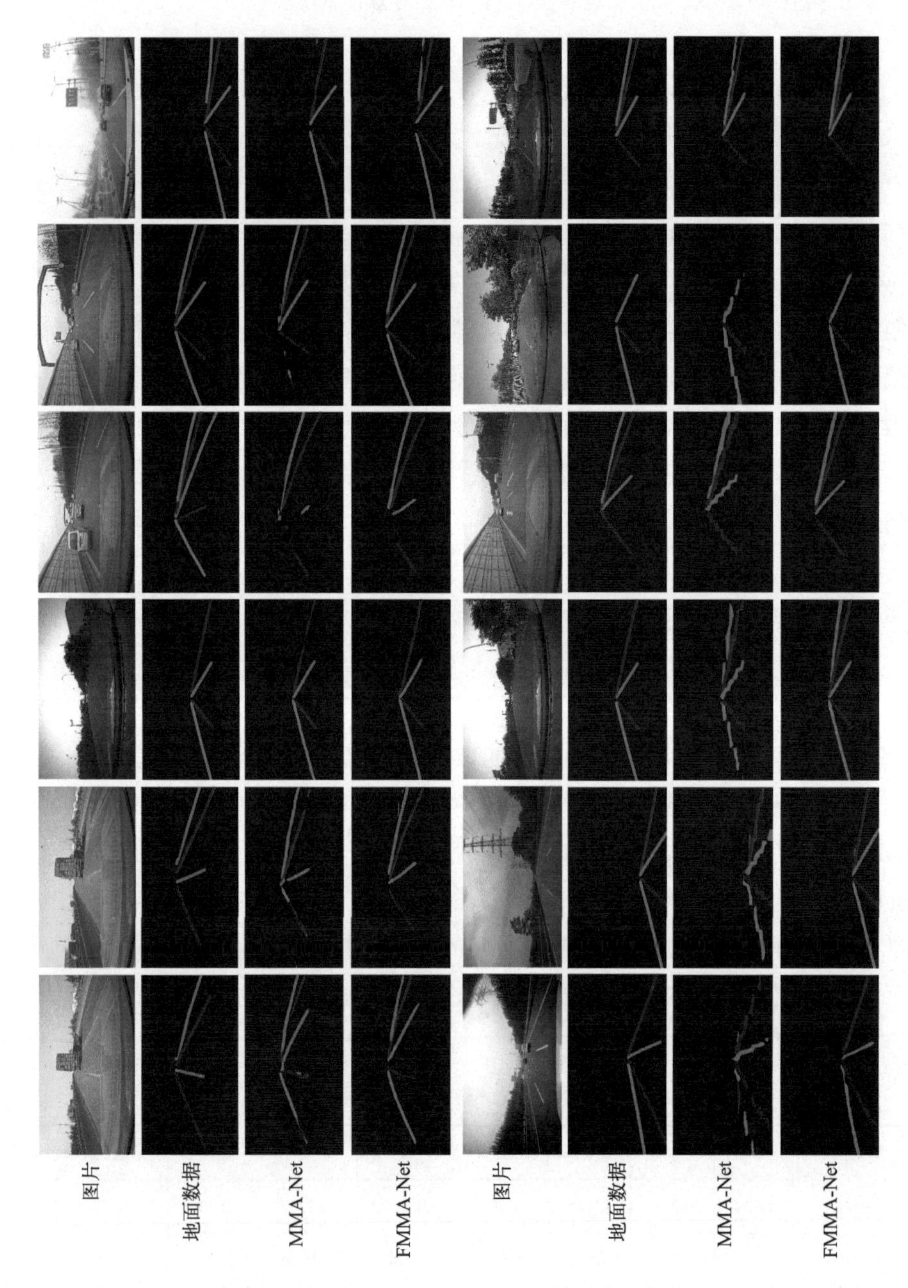

图3-11　FMMA-Net和MMA-Net在多个场景的预测结果

图6-12利用Grad-CAM技术展示FA模块对同一条车道线实例的提取效果，图（a）为ResNet-18直接的预测结果，图（b）为ResNet-18与FA注意力分支结合后的提取效果，图（c）为ResNet-18与FA融合分支结合后的提取效果。从图（c）可以看出，网络利用FA模块将两个编码器提取的特征进行融合，增加网络中记忆部分的目标特征区域，图（b）展示了添加位置注意力后，网络更在意实例的位置信息。

(a) 未添加FA

(b) 添加FA注意力分支

(c) 添加FA融合分支

图6-12　FA模块各分支的激活图可视化

6.5.7　全局上下文模块的有效性

本节共训练三种主干网络，分别是ResNet-50、C-STDC、G-STDC。其中，ResNet-50是MMA-Net的当前帧编码器，C-STDC是STDC网络添加了上下文模块，G-STDC是STDC网络添加了本章设计的全局上下文模块。在开始训练前，为每个编码器设置了相同的训练策略和预测头进行车道线掩码预测，训练过程如图6-13所示。在图（a）中，ResNet-50的Loss曲线的整体趋势波动较大，网络易出现过拟合。在图（b）中，G-STDC拥有最低的Loss值，相比于其他两个编码器，它的平均Loss曲线波动更加平滑，网络收敛得更好。

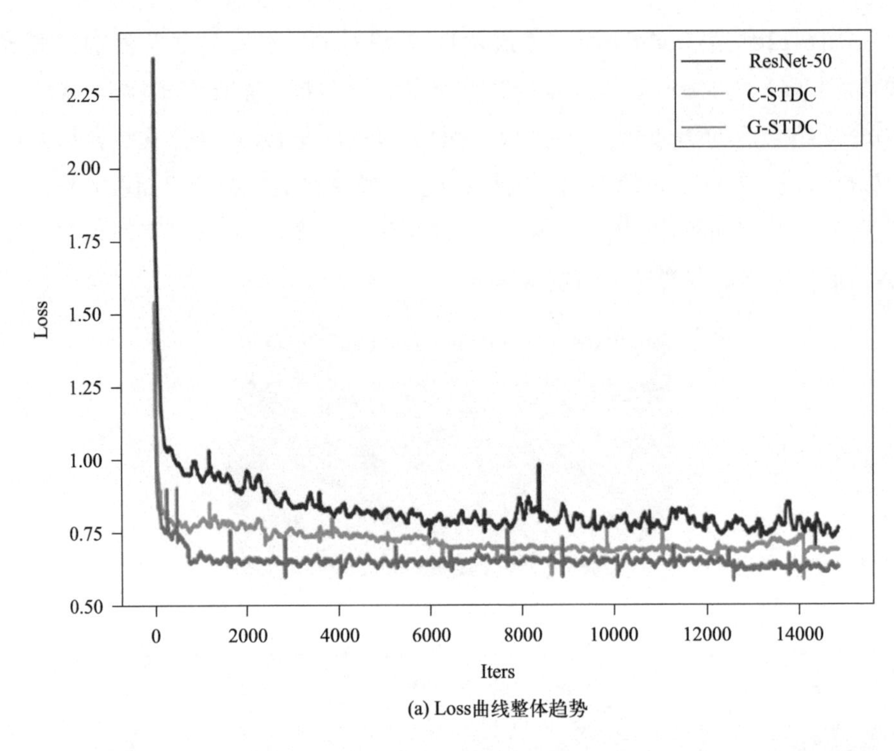

(a) Loss曲线整体趋势

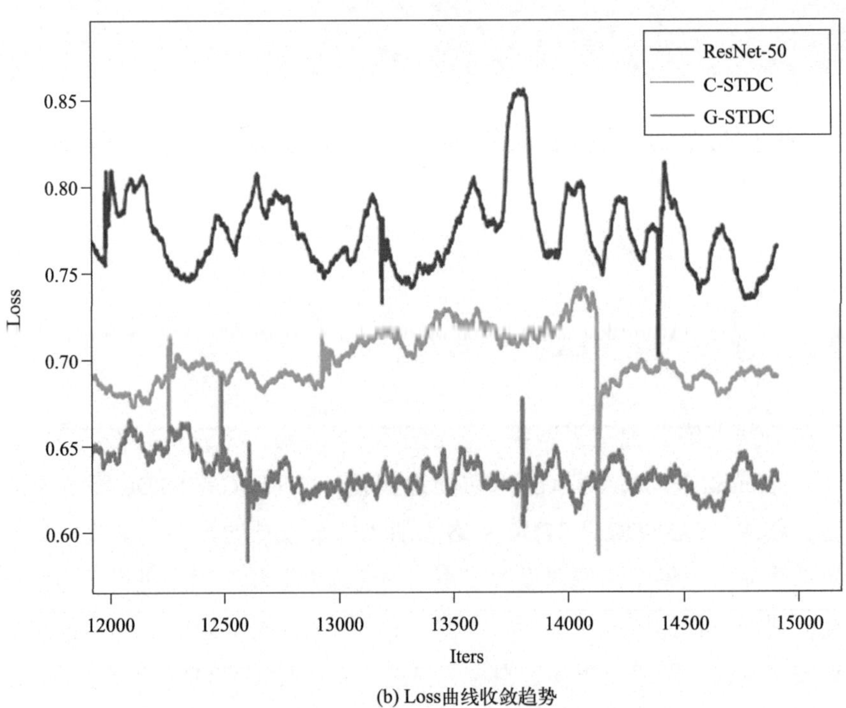

(b) Loss曲线收敛趋势

图6-13　三种特征编码器在VIL-100中的Loss曲线图

如图6-14所示，本节为三种编码器设置了同一预测头，定性对比它们在不同场景下的表现，其中测试场景包括雾、强光、阴影、拥挤、夜晚等。ResNet-50是MMA-Net的查询帧编码器，如图6-14的第3行与第8行所示，其预测结果无法准确地获取车道线形状、曲率等信息。相比于ResNet-50而言，C-STDC可以获得更准确的车道线位置和形状信息。与其他编码器相比，本章设计的G-STDC在很多场景下都达到了最好的效果，能够准确预测车道线的位置、形状、曲率等信息。

本节在FMMA-Net架构下设计三种基线网络，即STDC基线、C-STDC基线和G-STDC基线，用于定量对比上下文模块与全局上下文模块，如表

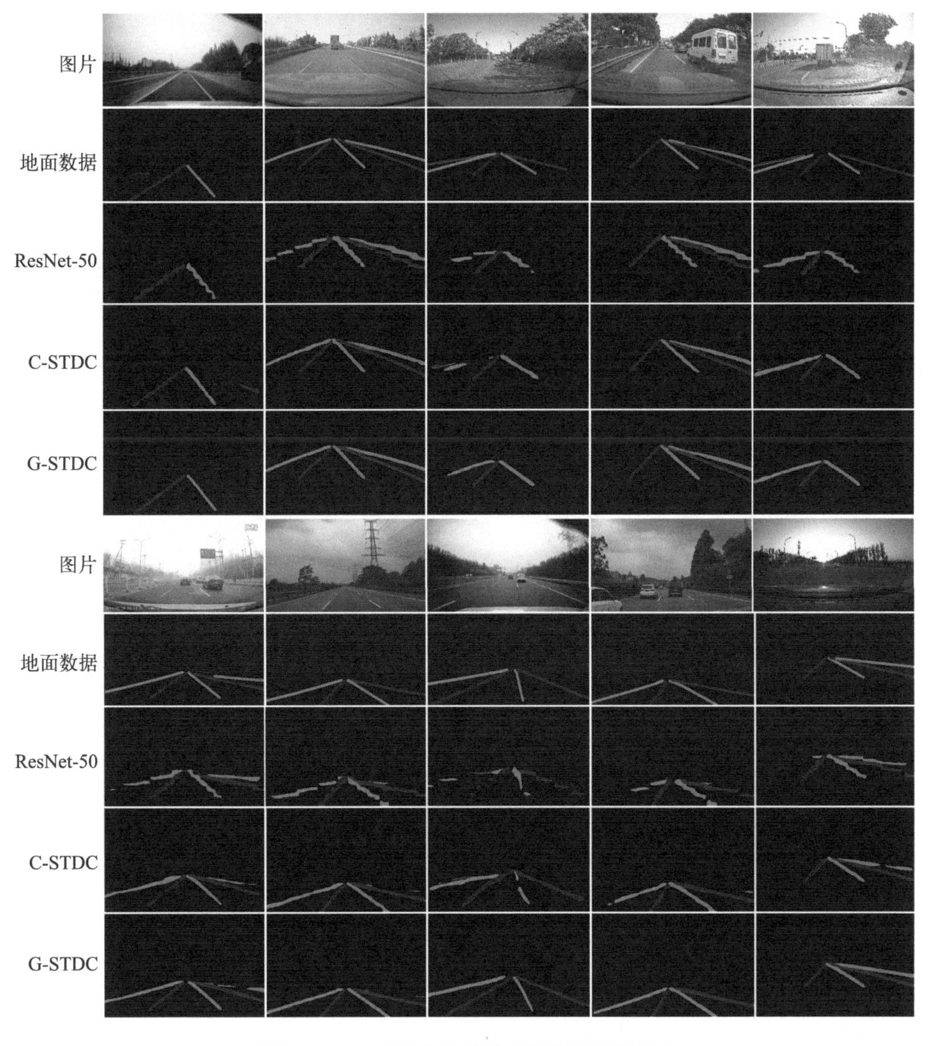

图6-14　不同查询帧编码器的预测结果

6-5所示。与G-STDC基线相比，C-STDC基线精度明显下降，mIoU下降0.012，$F1^{0.5}$下降0.006，$F1^{0.8}$下降0.007，Accuracy下降0.007，FP上升0.015，FN上升0.001。另外，G-STDC基线相比于STDC基线而言，参数量上升2.32MB。上下文模块与全局上下文模块相比，全局上下文模块提高了整体的精度，同时保持了较快的速度。

表6-5　不同当前帧编码器在整体网络中定量对比结果

网络	mIoU	$F1^{0.5}$	$F1^{0.8}$	Accuracy	FP	FN	fps	参数量/MB
STDC	0.679	0.818	0.447	0.889	0.137	0.122	**23.16**	**23.09**
C-STDC	0.701	0.838	0.455	0.908	0.117	0.102	21.56	24.19
G-STDC	**0.713**	**0.844**	**0.462**	**0.915**	**0.102**	**0.101**	20.76	25.41

本章小结

本章设计了一种轻量化的视频实例车道线检测网络。首先，为满足实时性需求，选取轻量化的主干网络作为模型的特征提取器。其次，在编码器的颈部添加改进后的模块，用于提高模型整体的检测精度。最后，在VIL-100数据集中定量与定性地评估FMMA-Net的性能，并与SOTA网络进行对比。实验结果表明，FMMA-Net拥有更高的精度和更快的速度。本章从定量与定性的角度比较改进模块与已有模块的性能，结果表明，本章提出的融合与注意力模块、全局上下文模块能够有效地提升编码器精度。

第7章

基于记忆模板的多帧实例车道线检测技术

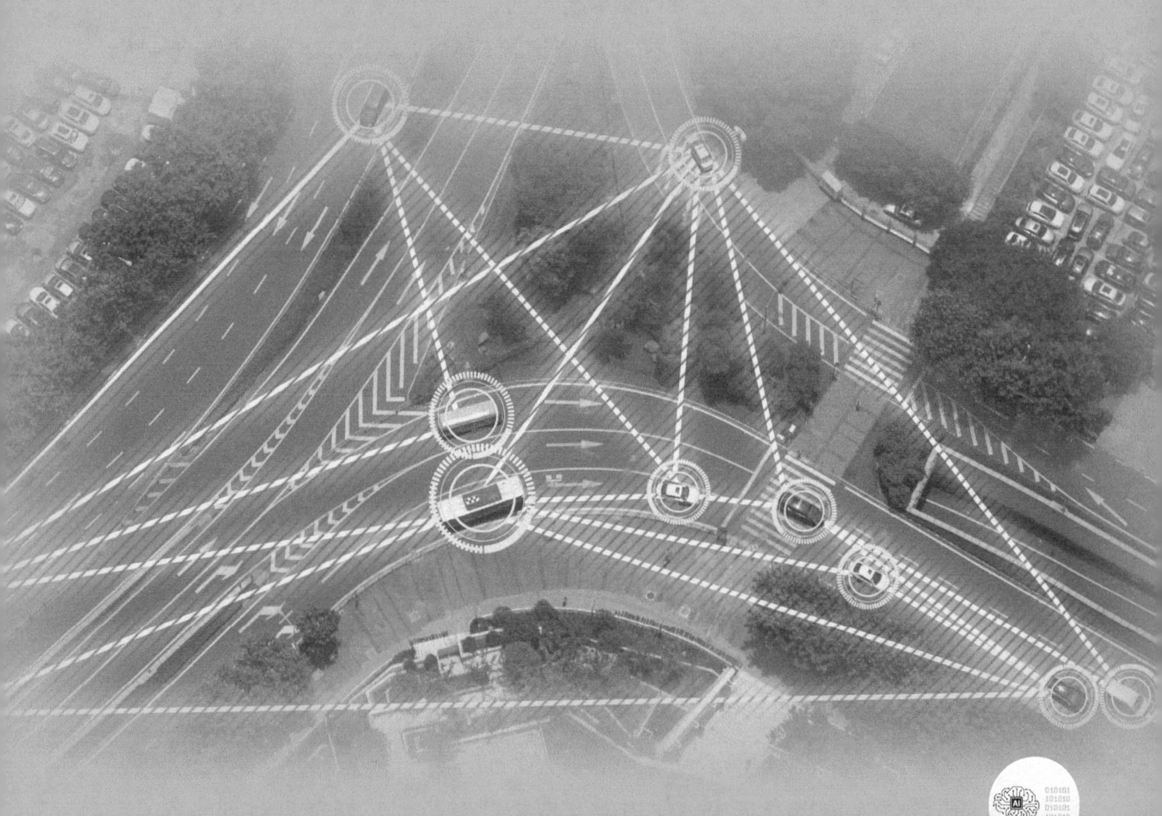

本章将探讨如何建立新的时空序列模型，用于学习车道线标记的动态特征。这些动态特征从时间一致性中衍生而来，随着时间变化而变化，可以解决许多的帧内歧义，如车道线损坏、车道线遮挡、帧间演化等。此外，本章还考虑时空记忆网络中存在的固有误差传播问题，提出一种多目标转移矩阵，学习每条车道线实例在帧间的演化方向，以增强网络在动态交通环境中的鲁棒性。

7.1 网络整体结构

车道线作为自动驾驶的重要感知对象，以视频流形式被采集，网络需要长时间处理动态的、多个场景级联的视频流数据，因此网络对动态场景的适应性显得十分重要。本章基于FMMA-Net架构，提出一种时空序列网络——记忆模板（Memory Template），其目的是学习过去帧与当前帧的特征关联，以增强每个目标帧的全局和局部相似度映射，用于视频实例车道线检测。

如图7-1所示，MT-Net首先利用查询帧编码器（G-STDC）对当前帧进行编码，将编码后的特征嵌入到Key空间和Value空间，以生成查询特征Q。同时，将过去五帧及其对应的估计掩码输入到记忆帧编码器（ResNet-18-FA）。在记忆编码过程中，查询特征参与混合特征的编码，并将编码的结果嵌入到Key和Value空间中，在LGMA中集成，获得记忆M，记忆分为混合记忆和全局记忆。网络利用MR模块计算Q和M的L_1相似度，得到读取特征R，读取特征分为混合读取特征（R_m）和全局读取特征（R_g）。

在模板匹配模块（TM）中，将R_g、R_m、过去帧预测热力图H、当前帧特征作为输入特征，用于获得全局和局部相似度映射。最后，网络利用不同层次的相似度映射对当前帧的实例车道线进行解码。在网络前向传播过程中，记忆模板中的固有误差影响着网络的预测精度。为缓解这种情况，网络分别计算每条实例车道线的转移矩阵损失（Transition matrix loss），用于优化M和H。

7.2 记忆模板的工作原理

在现有的VOS方法中，使用暹罗网络或时空记忆网络进行视频分割，可以有效地在帧与帧之间传播目标特征，实现目标跟踪。为提高VOS模型

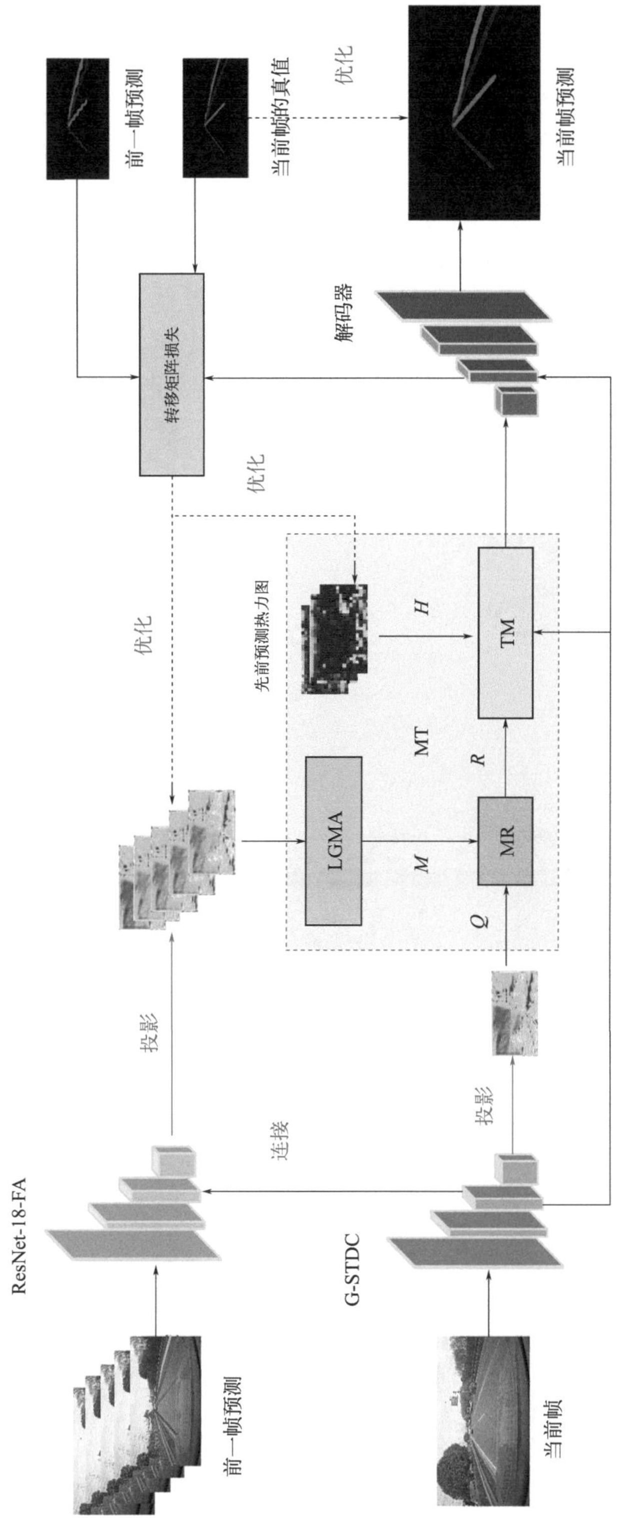

图7-1　MT-Net的网络框架

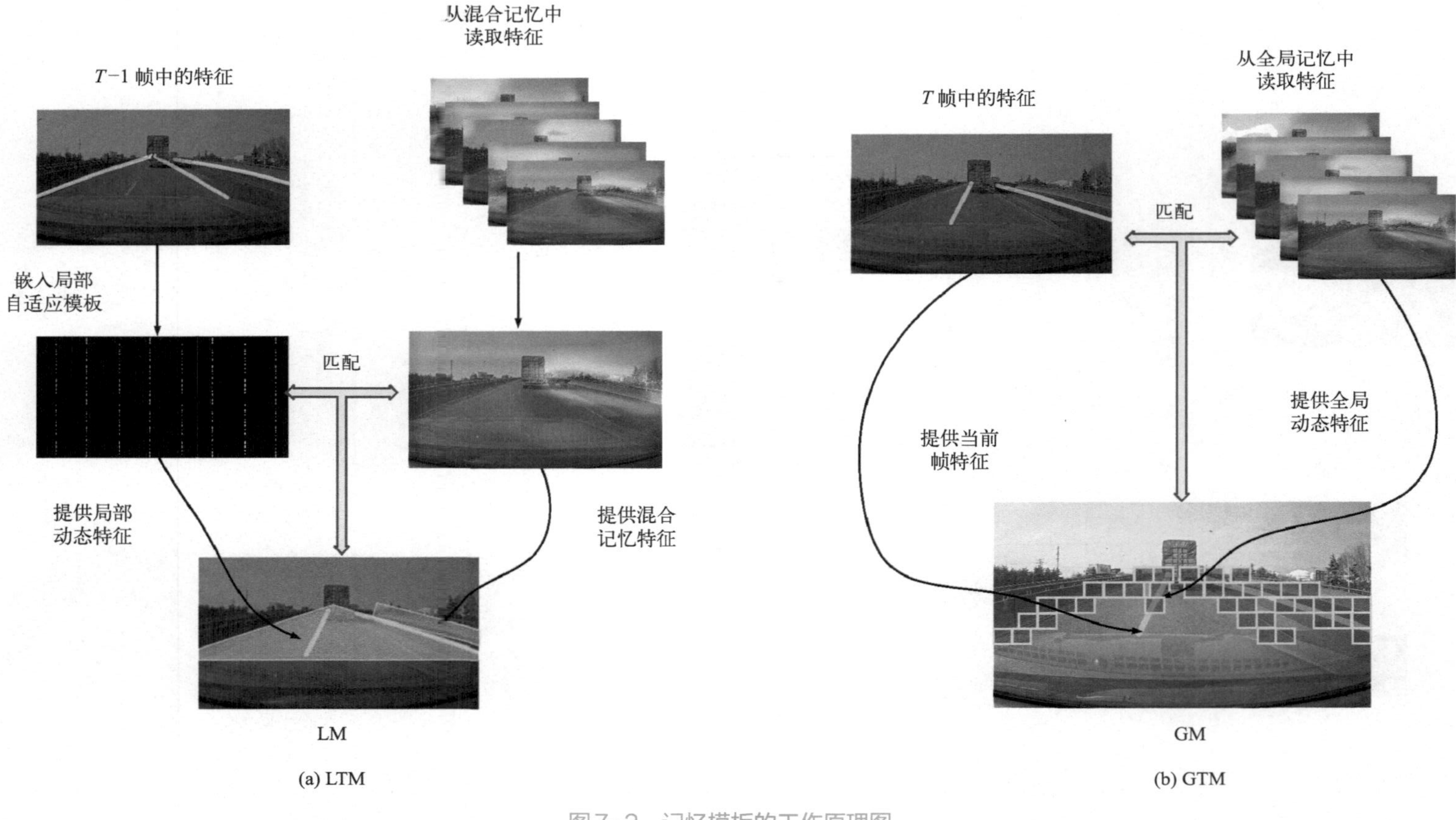

图 7-2 记忆模板的工作原理图

在车道线检测任务中的检测精度和帧间稳定性，本章在LGMA和ATM的基础上构建了记忆模板，以学习车道线在动态场景中的演化。

记忆模板继承自适应模板的优点，如模板随时间更新、对目标特征进行跟踪、具有较强的时间稳定性等。但也继承模板初始化的特点，该特点使得自适应模板很难应用于全监督的车道线检测任务。本章利用LGMA强大的特征聚合能力，为ATM提供精确的初始化特征，实现LGMA与ATM之间的紧密耦合，以获取帧间的动态特征。

记忆模板根据车道线的动态特性，将匹配过程划分为两种，即局部模板匹配（LTM）和全局模板匹配（GTM），用于建立当前帧特征与过去帧之间的特征关联。图7-2展示车辆在变道场景中，记忆模板从$T-1$帧到T帧的工作过程。在图（a）中，LTM首先利用$T-1$帧的查询帧编码器特征，生成一个自适应局部模板，该模板记录上一帧车道线的形状和位置等信息，然后将该模板与混合读取特征（R_m）进行匹配，得到T帧的局部相似度映射（LM）。在这个过程中，自适应局部模板为LM提供局部动态特征，该特征随时间进行更新。自适应局部模板不包含T帧的车道线实例特征，因此LM中缺失的特征由R_m进行补充。在图（b）中，GTM将来自T帧的特征与R_g进行匹配，来获得T帧的全局相似度映射（GM）。R_g为GM提供全局动态特征，该特征用于增强T帧的特征表达，并随着全局记忆的更新而更新。记忆模板利用这两种动态特征来适应车道线在动态场景中的相对变化，以维持预测结果在时间维度上的稳定性。

7.3　记忆模板的结构设计

在上一节中介绍了记忆模板的工作原理和工作过程。本节将详细介绍记忆模板的具体结构。

7.3.1　全局动态特征

全局模板匹配（GTM）的具体结构如图7-3所示。首先全局模板生成模块（GSM）对前三帧预测结果的热力图（H）执行平均池化，以确保它们的大小与R_g的大小相同。然后，利用FA模块的Fusion分支将全局读取特征

（R_g）与H进行融合，通过残差块生成全局模板（GS）。全局读取特征（R_g）源于全局记忆，并继承全局记忆的特征。GSM可以通过动态更新H和全局记忆来更新GS模板。在匹配过程中，GS和查询帧编码器的特征（f_{16}）在通道维度上级联，再经过一个ConvReLU层获得全局相似度映射（GM）。

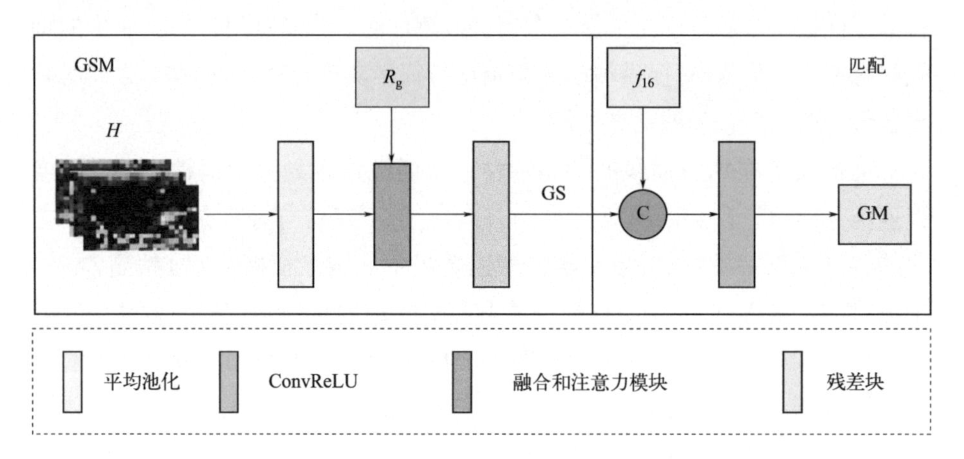

图7-3　全局模板匹配结构图

7.3.2　局部动态特征

在TTVOS中首次提出嵌入向量的概念，本章设计的局部模板匹配（LTM）同样采用这一思想。如图7-4所示，LTM需要来自网络的五种特征输入，其中，R_m是从混合记忆中读取出的特征，包含过去帧和当前帧的特征信息；H为前三帧预测结果的热力图；f_8为前一帧的查询帧编码器特征；PALT为上一帧的自适应局部模板；ALT为当前帧的自适应局部模板；CU是从上一帧的解码器中获取的更新向量。

为保持嵌入向量与读取特征的空间一致性，本章采用空间嵌入的方式生成局部嵌入向量（LEV）。在LTM前向传播中，首先将H和f_8在通道方向上级联，用于抑制与车道线无关的信息，并将级联特征嵌入到Key与Value空间中。计算公式如式（7-1）所示：

$$\text{output}=\begin{cases}\text{Key\_}M=F_{\text{project\_key}}\left(H,f_8\right)\\ \text{Val\_}M=F_{\text{project\_val}}\left(H,f_8\right)\end{cases} \tag{7-1}$$

式中，函数$F_{\text{project_key}}(\ )$和$F_{\text{project_val}}(\ )$是两个卷积封装块，每个卷积封装块包括1×1卷积层、3×3卷积层和ReLU激活函数。

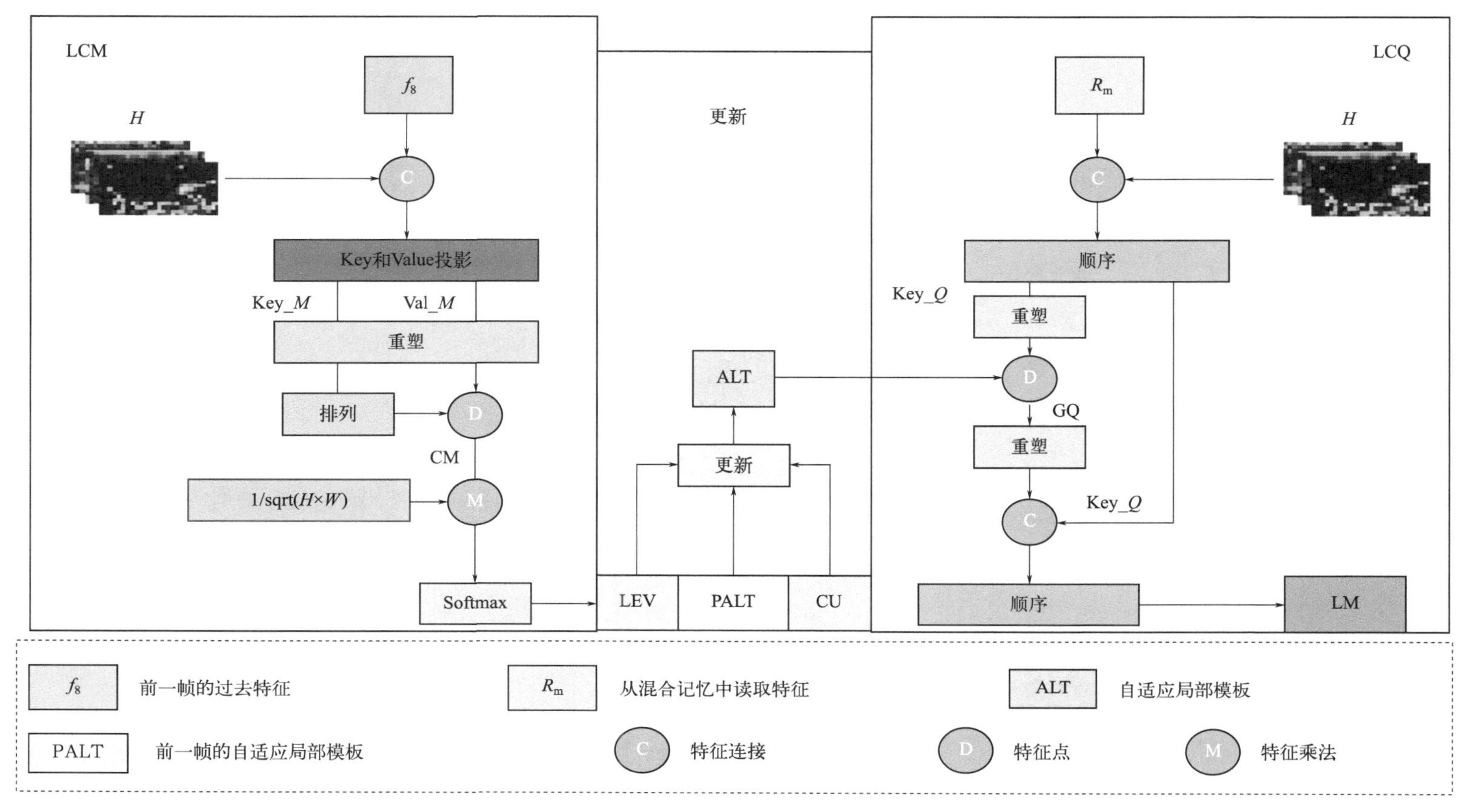

图7-4　局部模板匹配结构图

如图7-4所示，LTM首先改变Key_*M*和Val_*M*的形状，再对变形后的Key_*M*进行转置，计算其与Val_*M*的相似度。具体而言，特征相似度是指Key和Value两个空间特征在$H \times W$方向上的标量积CM。对CM向量进行归一化处理得到LEV:

$$\mathrm{LEV} = \frac{\mathrm{Softmax}(\mathrm{CM})}{\sqrt{H \times W}} \tag{7-2}$$

式中，Softmax( )是归一化操作函数，用于对标量积计算结果进行归一化，其中，$\mathrm{CM} \in \mathbb{R}^{N \times 64 \times 64}$，$N$表示车道线实例的数量。

LEV如图7-5（a）所示，它是CM的归一化结果，这两种特征趋势相同。当Key_*M*与Val_*M*在某一位置相似时，若该点为目标特征且标量积较大，在LEV中该点较亮；相反，若该点为目标特征且标量积较小，在LEV中该点较暗；如果该点为非目标特征，则标量积为0，显示为黑色。

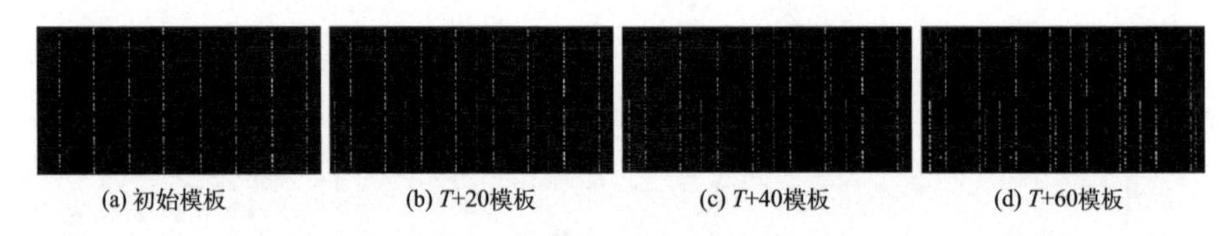
(a) 初始模板　(b) T+20模板　(c) T+40模板　(d) T+60模板

图7-5　可视化ALT在时间维度的演化

在图7-4中，LTM引入Update模块，该模块利用过去的局部嵌入向量（PALT）、LEV以及上一帧的更新向量（CU），通过加权平均的方式来生成ALT，计算公式如下所示:

$$\mathrm{ALT} = \frac{1}{\mathrm{CU}+1}\mathrm{PALT} + \frac{\mathrm{CU}}{\mathrm{CU}+1}\mathrm{LEV} \tag{7-3}$$

在更新过程中，LEV与PALT为当前帧的自适应局部模板提供主要的特征信息。通过Update模块继承以往的目标信息，并将上一帧新出现的目标信息整合到新的自适应局部模板中。在图7-5中，在一段视频的数据中间隔20帧采样ALT，并将其可视化。可以观察到ALT在时间维度上的变化，随着时间推移，ALT包含各种关于目标的信息会逐渐演化。

在局部模板匹配（LCQ）中，首先将R_{m}与H连接起来，使用卷积封装块（Sequential）计算得到特征Key_*Q*。Sequential模块包括1×1卷积层、5×5卷积层和LeakyReLU激活函数。然后改变Key_*Q*的形状，计算其与ALT的相似度，得到相似度图GQ。最后，改变GQ的形状使其与Key_*Q*保持一致并在通道方向上进行拼接，通过一个Sequential模块输出局部相似度映射

（LM）。本章设计的LCQ结构与残差块相似，该残差边用于补充ALT中缺失的当前帧特征。

7.4　模板匹配与时空记忆中的固有误差

本节参考TTVOS中存在的固有误差问题，推导出时空记忆网络中存在的记忆固有误差问题，并通过热力图对其可视化。进一步利用梯度激活图（Grad-CAM）来解释记忆固有误差如何影响模型。为减少这两种固有误差的影响，本节设计多目标转移矩阵损失函数，来学习帧间实例车道线的演化方向。

7.4.1　模板匹配中的固有误差分析

在TTVOS中，自适应模板通过分析主干网络特征和过去帧估计掩码来处理目标形状演化问题。然而，网络引入的过去帧估计掩码可能会导致固有误差传播问题。图7-6展示了TTVOS网络从T−1帧到T帧的分割结果，蓝色掩码表示模型错误的分割结果。在图（b）和图（d）中，分别用三种不同的颜色圈出错误更新的结果，可以看出，T−1帧的错误预测通过模板更新，将

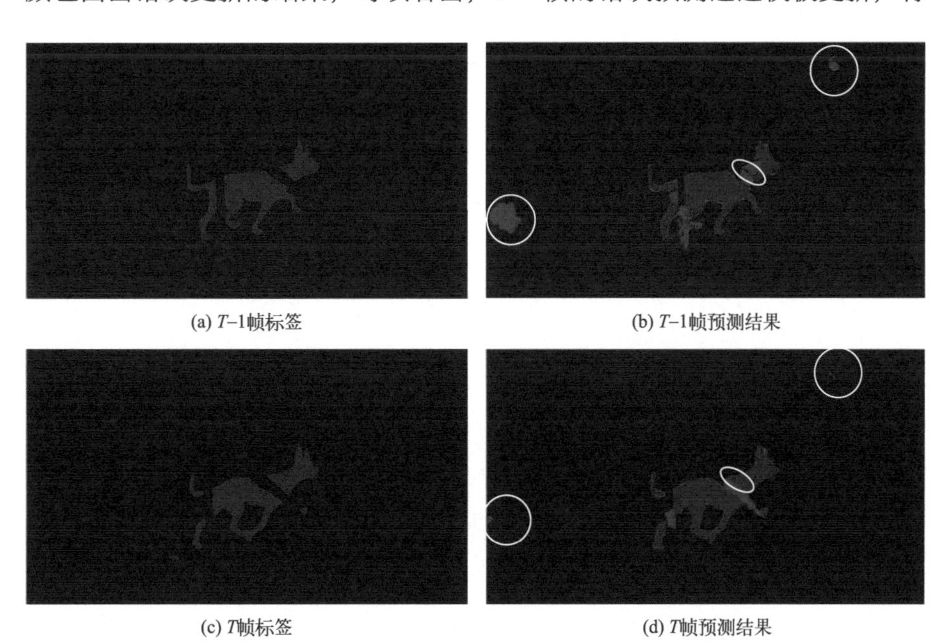

图7-6　自适应模板中的固有误差可视化图

部分错误信息传播到T帧。因此，不正确的过去帧的估计，会导致自适应模板逐渐朝着不正确方向进行跟踪。

7.4.2　时空记忆中的固有误差分析

本书在第5章详细描述了时空记忆网络与自适应模板匹配网络的工作原理，这里总结它们之间的相似之处：两者均用于生成多个包含目标重要特征的特征图来跟踪目标，均使用过去帧的预测来指导当前帧的分割。唯一不同在于，时空记忆网络在预测过程中需要考虑整个过去帧或一段时间内过去帧的特征，而自适应模板匹配网络专注于前一帧和第一帧目标的特征。

本章在7.4.1节中指出自适应模板的固有误差来源，并可视化模板中误差累积与传播的形式。在时空记忆网络中，模型依赖于过去帧的预测结果来生成记忆，过去帧的预测误差会存储在记忆中，形成记忆固有误差。因此，本章提出记忆固有误差问题，并在图7-7中证实这一误差的来源。

本节设置两组对照实验，使用相同的网络权重来可视化不同预测精度下在Key空间和Value空间的全局记忆特征，实验结果如图7-7所示。图中红色高亮区域代表网络感兴趣的区域。在图（a）中，由低精度预测掩码作为输入得到的全局记忆特征在Key空间是不连续的，同时在Value空间中的车道线形状与输入掩码的形状相似。相比之下，在图（b）中，由高精度掩码作为输入得到的全局记忆特征在Key空间表现出良好的线性特征，并在Value空间中车道线特征更为连续。因此，高精度的预测掩码可以提供更准确的记忆，相反地，低精度的预测掩码可能会导致更多的记忆误差。

7.4.3　记忆固有误差传播

基于时空记忆的VOS模型，由于过去帧的预测掩码与标签相比存在着一定的误差，在某些场景下易导致误检。在VIL-100数据集中，十字路口场景无车道线标记，在当前帧中检测出的车道线掩码全部视为误检。为独立考虑记忆固有误差的影响，本节在十字路口场景下设置两组对照实验，实验结果如图7-8所示，图（a）中仅采用单一的时空记忆网络，在图（b）中加入修正模块以区分两者的检测差距。本节使用Grad-CAM技术定位出现错误的区域，并将其标记为红色高亮区域。

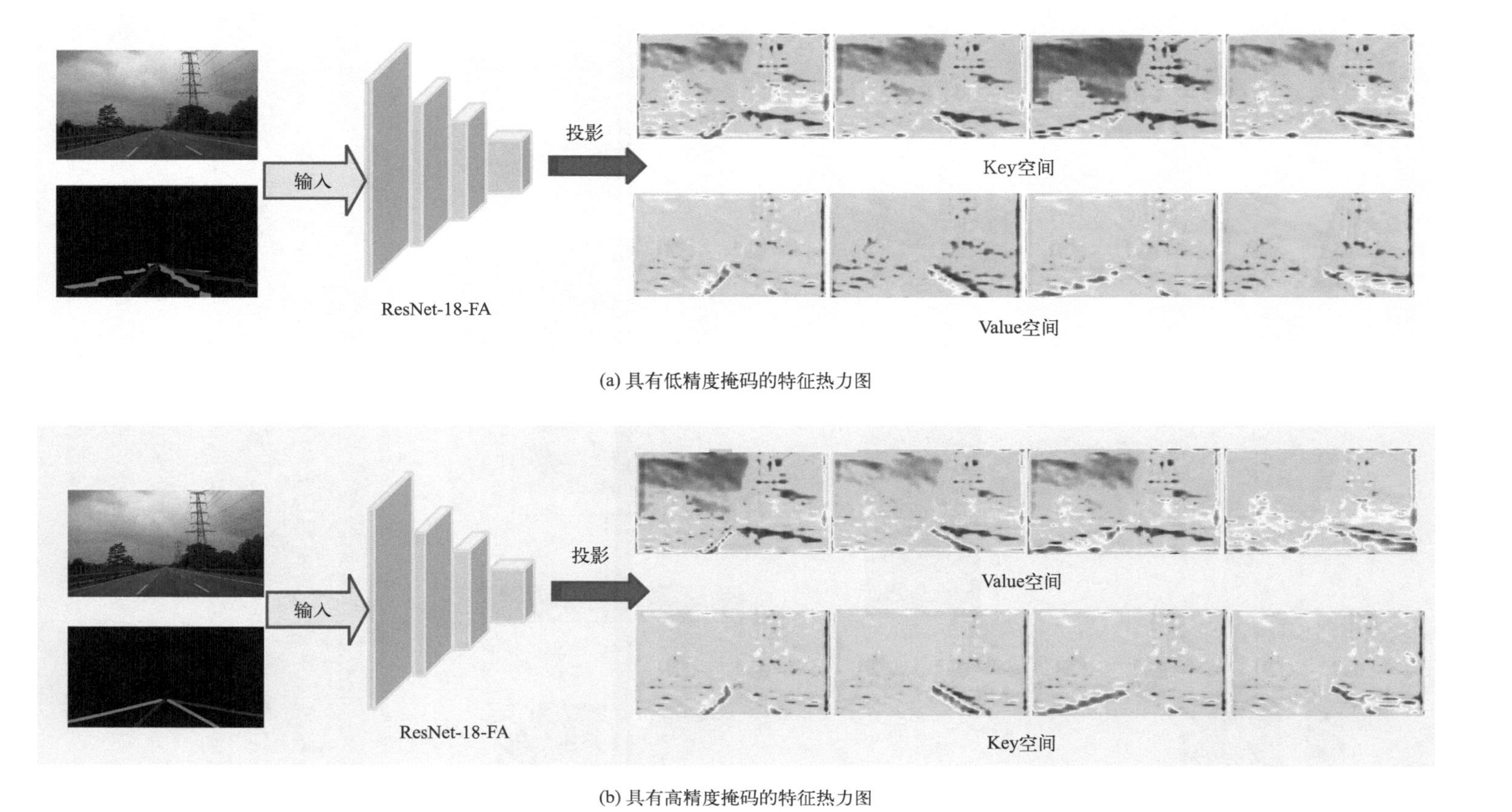

图7-7　可视化记忆帧编码器中的固有误差

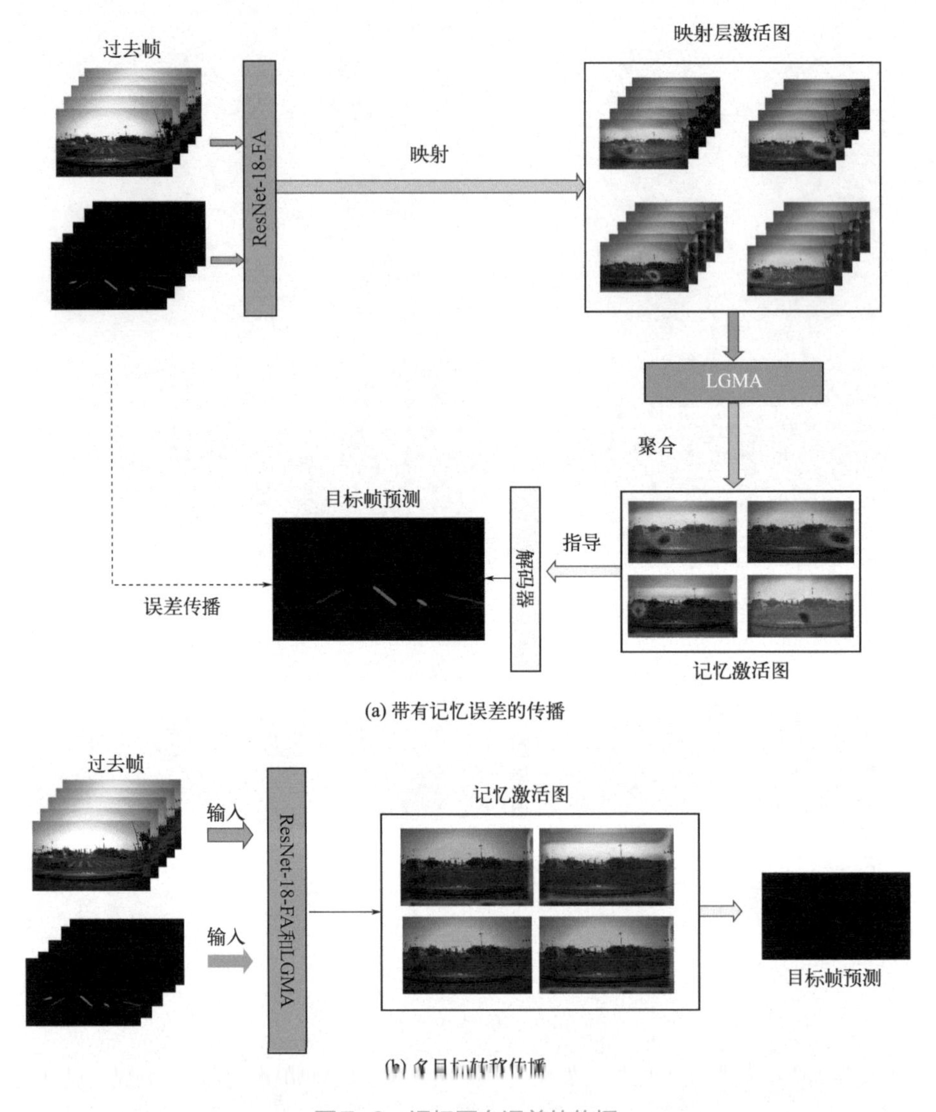

(a) 带有记忆误差的传播

(b) 多目标帧的传播

图7-8　记忆固有误差的传播

具体地，记忆固有误差的传播过程如图7-8（a）所示，将两帧带有误差的预测掩码、三帧标签掩码以及对应的图像输入到记忆帧编码器中，通过Grad-CAM可视化不同位置的车道线误差激活图。在层激活图中，可以观察到由误差引起的高亮区域。在模型的推理过程中，LGMA利用Softmax函数赋予高响应区域更多的概率，然后使用SUM函数对所有高响应区域的特征进行求和。在LGMA输出层的激活图中，同样存在相应位置的高响应值。图7-8（b）为带有修正模块的检测过程，与图（a）保持相同的输入进行预测。在图7-8（b）的LGMA的输出层激活图中，对无车道线区域的响应要低得多。另外，图7-8（a）中的记忆固有误差在网络前向传播中并没有消失，并通过多个特征图影响当前帧的预测结果。

7.5　多目标转移矩阵损失函数

车道线检测是实现自动驾驶的关键步骤，如基于车道线的导航和高清地图建模等。十字路口是自动驾驶中最具挑战性的场景之一。通常情况下，该区域无车道线标记，当车辆从含有车道线标记的场景进入到无车道线标记的场景时，固有误差会引起大量的误检和漏检，这不仅影响车辆的高清地图建模，也会干扰车辆的判断与决策。

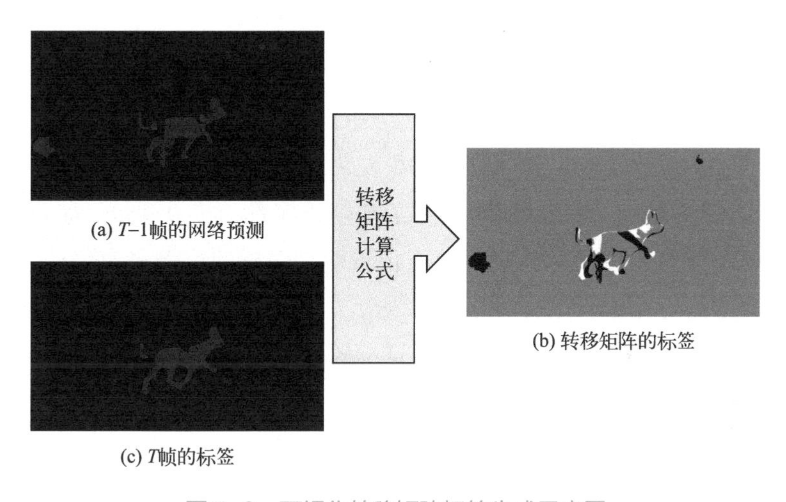

图7-9　可视化转移矩阵标签生成示意图

为减少固有误差对模型的影响，TTVOS建立了转移矩阵训练标签$\boldsymbol{\alpha}$，用于描述检测结果从$T-1$帧到T帧的转移趋势。该转移矩阵构造过程如图7-9所示。在转移矩阵标签中包含$T-1$帧和T帧目标的固有信息，在图（b）中无颜色标识区域为不需要演化的区域，黑色标识区域代表目标需要将$T-1$帧的前景演化成背景，白色标识区域代表目标需要将$T-1$帧的背景演化成前景。转移矩阵$\boldsymbol{\alpha}_t$的计算公式如下所示：

$$\boldsymbol{\alpha}_t = \boldsymbol{H}_t - \widehat{\boldsymbol{H}}_{t-1} \tag{7-4}$$

式中，$\widehat{\boldsymbol{H}}_{t-1}$为$T-1$帧的模型预测，$\boldsymbol{H}_t$为$T$帧的标签掩码。

本章进一步改进转移矩阵损失函数，通过为每个实例目标建立单独的转移矩阵标签损失来学习每个实例的演化趋势。本章设计的多目标转移矩阵损失函数计算如下所示：

$$L_t = \frac{1}{n}\sum_{i=1}^{n} \begin{cases} 0.5(\boldsymbol{\alpha}_t - \hat{\boldsymbol{\alpha}}_t)^2, & \left|\boldsymbol{\alpha}_t - \hat{\boldsymbol{\alpha}}_t\right| < 1 \\ \left|\boldsymbol{\alpha}_t - \hat{\boldsymbol{\alpha}}_t\right| - 0.5, & \text{其他} \end{cases} \tag{7-5}$$

式中，$\boldsymbol{\alpha}_t$是多目标转移矩阵的标签。模型通过解码器来预测一个多目标转移矩阵$\hat{\boldsymbol{a}}_{t-1}$，其中$L_t$表示$t$时刻的损失函数。

多目标转移矩阵由两个通道的转移特征图组成，第一个通道表示背景的转移趋势，第二个通道为前景的转移趋势。在背景通道的多目标转移矩阵标签中，$\alpha_t^{i,j}$是（i,j）位置上的元素，元素值在（−1,1）区间。如果$\alpha_t^{i,j}$接近于1，则提示网络将T−1帧在该位置的预测从背景转移到前景。如果它接近于0，则提示网络在T−1帧和T帧需要保持相同的估计。如果该值接近−1，则提示网络将T−1帧的该位置预测从前景转移到背景。这种转移包含目标在T−1帧的错误预测和必要的形状和位置演化。

本节对多目标转移矩阵标签进行可视化，如图7-10所示。在每条车道线的转移矩阵标签中，白色代表需要将T−1帧的前景转移为背景，黑色代表需要将T−1帧的背景转移为前景。对于位置变化敏感的实例车道线检测模型，车辆位置的变化会影响车道线实例的划分，在交替状态下多目标转移矩阵会产生较大的损失。为使模型预测的多目标转移矩阵与其标签数值对齐，本章使用Softmax函数将该预测的结果映射到（0,1）区间，并选择受离散点干扰较小的SmoothL1函数作为多目标转移矩阵的损失函数L_t。

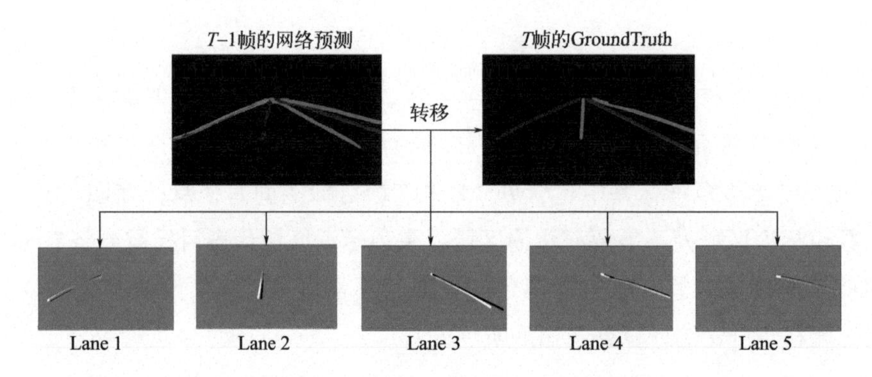

图7−10　每条车道线的转移矩阵标签计算示意图

本章的车道线损失函数设计与第3章相同，在总损失函数中加入多目标转移矩阵的损失函数L_t，模型的总损失函数如式（7-6）所示：

$$L = L_{\text{mIoU}} + L_{\text{exist}} + L_t \tag{7-6}$$

7.6 实验准备

7.6.1 TuSimple数据集

为评估模型的泛化性，本章设计的模型还需要在经典的图像级车道线检测数据集中进行测试。TuSimple数据集是一个大规模的自动驾驶车辆视觉数据集，由图森未来公司（TuSimple）收集和发布。该数据集包含大约10000张图像，用于训练和测试自动驾驶车辆的车道线检测系统。这些图像在国外多个城市进行拍摄，包括城市道路、高速公路和乡村道路等。数据集中的图像包含各种交通状况和天气条件，包括日间和夜间、雨天和晴天、昏暗和明亮等。每个图像都有一个相应的标注文件，标注文件以Json格式存储，其中包含车道线的位置、宽度和类型等信息。TuSimple数据集的场景如图7-11所示。

图7-11　TuSimple数据集场景

7.6.2 CULane数据集

为评估模型的适应性，需要在一些多场景的图像级车道线检测数据集中进行测试。CULane数据集由中国的研究团队进行采集和标注，该数据集包含88880个图像，其中大约65000张用于训练，其余的用于测试。图像在美国和中国的城市道路上进行拍摄，这些道路包括城市主干道、城市次干道、乡村公路和高速公路等。CULane数据集中包含的车道线类别包括单实线、双实线、单虚线、双虚线、实虚线和道路边缘线。该数据集中的图像具有不同的分辨率和亮度，并且包含各种天气条件和交通状况。每个图像都有一个相应的标注文件，标注文件以txt格式存储，其中包含车道线的位置和类别信息。对于每个车道线，标注文件包含起点和终点的像素坐标。CULane数据集中不同场景如图7-12所示。

图7-12 CULane数据集在不同场景下的示例

7.6.3 视频级车道线评价标准

该评价标准从区域相似度、轮廓精度来衡量特定帧上的标签（G）和输出分割（M）之间的匹配程度，同时考虑结果之间的稳定性（T）。区域相似度和轮廓精度细分为三种标准，即平均（M）、召回（O）和衰减（D），且M、O越大，D越小，表示模型的性能越好。

（1）区域相似度（J）

为衡量区域分割的相似性，将Jaccard指数定义为模型预测的分割与标签掩码之间的交并比。Jaccard指数最早在PASCAL VOC 2008中被提出，并被广泛用于评估视频流模型的分割性能。Jaccard指数之所以被广泛采用，是因为它提供直观的、比例不变的关于错误预测像素的信息。给定一个输出掩码M及其对应的标签G，Jaccard指数的计算公式为：

$$J=\frac{|M\cap G|}{|M\cup G|} \tag{7-7}$$

（2）轮廓精度（F）

从轮廓的视角来看，将预测掩码作为一组封闭的轮廓$c(M)$进行处理，以定义预测掩码的空间范围，$c(G)$为标签轮廓。然后，使用二分图匹配算法来计算$c(M)$和$c(G)$轮廓点之间的轮廓精度P_c和召回率R_c。轮廓精度的计算公式如下：

$$F=\frac{2P_c R_c}{P_c+R_c} \tag{7-8}$$

在了解上述两种评估标准后，进一步探讨轮廓精度和区域相似度之间的差异，如图7-13所示。在该图中，标签的轮廓使用红色标出，模型预测的轮廓使用绿色标出。在左图中，预测结果受到较多的区域相似度惩罚，因为在预测结果中出现大量错误分割的像素，这些像素主要位于头部和脚部。而对于轮廓精度，预测结果遗漏的比率相对较低，只有头和脚的轮廓被漏掉。在右图中，错误分割的区域较小，因此区域相似度惩罚较少。但是，预测结果

图7-13　区域相似度和轮廓精度之间的差异判断

的边界与标签相差较大，受到更多的轮廓精度惩罚。

（3）时间稳定性（T）

时间稳定性用于区分物体在帧间的合理运动和抖动。具体地，需要估计从当前帧掩码转换到下一帧掩码所需的演化。如果这种演化是平滑和准确的，那么可以认为结果是稳定的。

为评价时间稳定性，首先将第T帧的掩码M_t转换为表示其轮廓的多边形P（M_t），其次使用形状上下文描述符（SCD）来描述多边形上的每个点$p^i_t \in P$（M_t），并寻找p^i_t和p^i_{t+1}之间的匹配。该匹配过程设置为动态时间纠偏（DTW）问题，最小化匹配点之间的SCD距离，并保持点在形状中出现的顺序。最终使用每个匹配点的平均成本作为时间稳定性T的度量。具体地，评估代码计算出的成本数值越小，时间稳定性越高，车道线在帧间的演化能力就越强。

7.6.4　实验环境搭建

本实验在Ubuntu18.04操作系统下基于Python 3.7、Pytorch 1.8.0框架以及OpenCV、C++动态库等依赖库进行搭建，使用GTX3060 GPU处理器对模型进行推理。本实验在训练过程中，将不同分辨率下的视频帧统一缩放至相同尺寸。该模型采用两阶段训练模式，训练所需的参数如表7-1所示。第一阶段旨在训练主干网络，以提高当前帧的特征精度。每个批次输入一个视频样本，随机采样25个来自同一视频的连续帧。第二阶段引入记忆模板和多目标转移矩阵损失函数，以优化过去帧生成的热力图和记忆特征。同样地，每个批次输入一个视频样本，随机采样15张来自同一视频的连续帧。第一阶段训练共120个Epochs，耗时约11小时。第二阶段训练共60个Epochs，耗时约10h。

表7-1　实验参数表

实验超参	一阶段	二阶段
数据集	VIL-100	VIL-100
优化器算法	SGD	Adam
优化器动量的衰减因子	0.9	0.95
初始化学习率	1×10^{-2}	1×10^{-4}
学习率更新策略	指数下降	指数下降
权重衰减	2×10^{-5}	1×10^{-7}
批次大小	25	15
Epochs	120	60

7.6.5 训练结果

根据表7-1实验参数设置，对模型进行调参和训练。图7-14（a）展示了在相同硬件下的二阶段网络的训练过程，其中包括本章提出的方法、经过优化的方法和MMA-Net的训练过程。在整体趋势中，MMA-Net具有较快的拟合速度但具有更多的波动。未经过优化的模型需要两倍于其他两种模型的时间才能拟合，但在大量迭代后可以获得比MMA-Net更高的精度。图7-14（b）展示了二阶段网络的拟合趋势，对比可得本章的模型经过优化后，大约在2000次迭代后可以完成拟合。图7-14（c）展示了二阶段网络的收敛趋势，在大量迭代后，MMA-Net并不能很好地学习车道线特征，产生较大的损失和振荡。

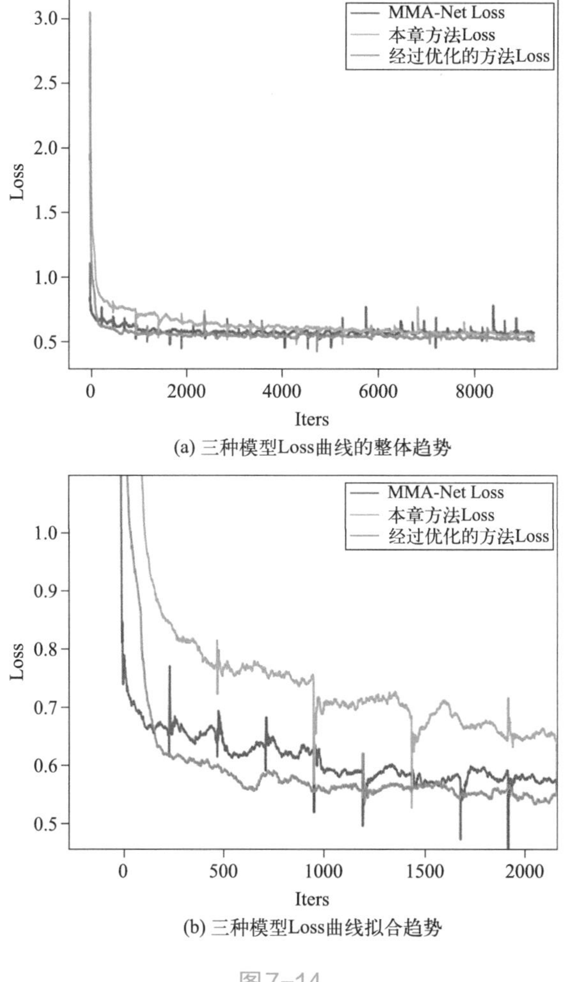

(a) 三种模型Loss曲线的整体趋势

(b) 三种模型Loss曲线拟合趋势

图7-14

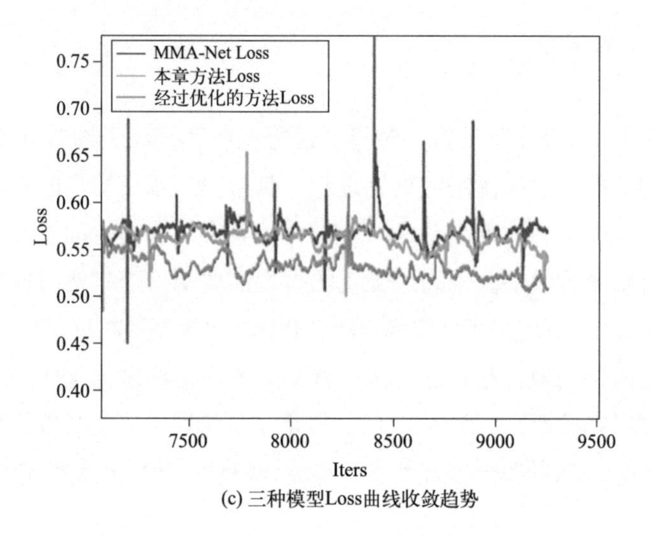

(c) 三种模型Loss曲线收敛趋势

图7-14 在VIL-100数据集中训练的Loss曲线图

本章提出的方法在优化前和MMA-Net相比具有较小的波动，模型不容易出现过拟合或欠拟合等问题。在经过优化后，损失值明显降低，损失值的波动更加平稳，本章将优化后的方法作为最终的视频实例车道线检测网络。

7.7 消融实验结果与分析

在VIL-100数据集中，本节从定量和定性的角度对本章提出的相关模块进行消融实验。

在MT-Net的消融实验中，本节构建了四种基线网络，并在VIL-100数据集上测试图像级评价标准（Accuracy、FP、FN、mIoU、$F1^{0.5}$、$F1^{0.8}$）和视频级评价标准（M_T、M_J、O_J、D_J、M_F、O_F、D_F）。表7-2记录了在图像级和视频级度量下的四种基线网络的评估结果，并将该结果与最终模型的结果进行比较。其中，粗体数值表示最优的精度。

表7-2 最终模型和各种基线模型的消融研究

标准	Baseline	+L1	+FA	+MT	Final
mIoU	0.685	0.695	0.710	0.712	**0.717**
$F1^{0.5}$	0.797	0.827	0.841	0.848	**0.855**
$F1^{0.8}$	0.435	0.448	0.452	0.469	**0.478**
Accuracy	0.887	0.905	0.915	0.926	**0.933**

续表

标准	Baseline	+L1	+FA	+MT	Final
FP	0.153	0.113	**0.077**	0.104	0.097
FN	0.148	0.130	0.121	0.091	**0.084**
M_T	0.678	0.590	0.584	0.440	**0.433**
M_J	0.675	0.686	0.695	0.718	**0.726**
O_J	0.821	0.838	0.842	0.869	**0.878**
D_J	0.088	**0.015**	0.028	0.022	0.020
M_F	0.897	0.913	0.919	0.931	**0.936**
O_F	0.979	0.983	0.983	0.989	**0.994**
D_F	0.068	0.035	0.041	0.022	**0.018**

第一个基线网络称作“Baseline”，只包含一个G-STDC网络。第二个基线网络称作“L1”，与MMA-Net具有相似的结构，它仅使用ResNet-18来生成记忆。第三个基线网络称作“FA”，它利用ResNet-18-FA作为该基线的记忆帧编码器，结构与FMMA-Net相似，仅在解码器部分有所区别。第四个基线网络称作“MT”，在第三个基线网络的基础上加入记忆模板，来获得车道线的动态特征。最终模型称作“Final”，它在“MT”基线网络的基础上，加入了多目标转移矩阵损失。

7.7.1　记忆的有效性

与“Baseline”基线相比，“L1”基线在图像级评价标准上有显著改进，如图7-15所示。“Baseline”基线的预测结果如图7-15（a）所示，该结果中存在漏检和误检，“L1”基线的预测结果如图7-15（b）所示，检测效果明显改善。

(a) 前五帧记忆　　(b) 利用记忆估计的结果

图7-15　记忆的有效性可视化

如表7-2所示，在图像级评价标准下将“L1”与“Baseline”相比，区域的指标方面：mIoU提高1.46%，$F1^{0.5}$提高3.76%，$F1^{0.8}$提高2.99%；线的指标方面：Accuracy提高1.35%，FP下降26.14%，FN下降12.16%。

在视频级评价标准下，区域相似度（J）方面，平均（M）提高1.62%，召回（O）提高2.07%，并且达到最低的衰减（D）。在轮廓精度（F）方面，平均（M）提高1.78%，召回（O）提高0.41%，衰减（D）下降48.53%。这表明记忆中包含丰富的目标特征，可以提高网络在视频级数据集中的性能。此外，“L1”基线的时间稳定性（M_T）成本下降12.98%，这说明LGMA建立了一定的帧间关联，用于学习帧间的车道线演化。

7.7.2　融合与注意力模块的有效性

在表7-2中，记忆帧编码器通过增加位置注意力和融合当前帧的特征和记忆帧的特征，使得“FA”基线在mIoU上的表现显著提高，在FP方面达到最优效果。相比于“L1”基线，网络的关注点已经不再局限于误检问题上。这是由于G-STDC和ResNet-18-FA之间利用融合和注意力模块建立了网络之间的通信，因此模型能够关注更多的信息。

7.7.3　记忆模板的有效性

“MT”基线是在“FA”基线的基础上加入记忆模板，来获取目标的动态特征。与之前的所有基线相比，“MT”基线在各方面都取得显著的改进。在图7-4中，LCM和LCQ模块实现记忆特征和主干特征的特征集成，在误检率和漏检率方面趋于稳定。如表7-2所示，在加入记忆模板后，基线的时间稳定性（M_T）有了很大的提高，时间稳定性成本降低24.66%。与“MT”相比，“Final”基线中的多目标转移矩阵损失对网络的预测结果进行了一定的误差修正，提高了整体的预测精度。

为更好地分析记忆模板各组件的有效性，本节设置了四组消融实验，实验结果如图7-16所示。图（a）从上到下依次为视频样本的180帧、183帧、195帧和其对应的标签掩码，图（b）仅使用读取特征（ReadOut）进行预测，图（c）仅使用GTM进行预测，图（d）仅使用LTM进行预测，图（e）仅使用MT进行预测。

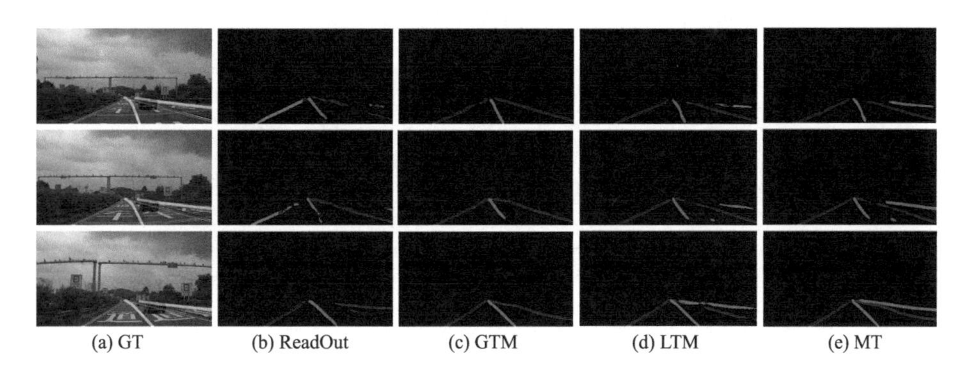

图7-16　连续帧预测中困难背景下的记忆模板的消融可视化

在图7-16（a）中，路面存在大量的干扰信息，这些信息与车道线形状特征、位置特征十分相似，在动态的交通场景下，极易出现误检与漏检。在图（b）中，仅使用读取特征无法准确检测到所有车道线的具体位置和形状。在连续帧预测过程中，读取特征不能提供最右侧车道线特征，也不能准确识别实例车道线的位置。如图（c）所示，相比于单独的读取特征，添加GTM后，模型强化了已有的特征，具有更好的检测结果。图（d）在读取特征的基础上，添加ALT后，模型从混合记忆中获得最右侧的车道线信息，并通过帧间迭代对其进行强化。在图（e）中，记忆模板结合GTM和ALT的优势，拥有更好的性能，并且随着全局和局部模板的迭代，检测结果达到最佳。

7.7.4　多目标转移矩阵的有效性

为评估多目标转移矩阵的有效性，本节建立了一个“Single-trans”基线网络，它是将最终模型的多目标转移矩阵和SmoothL1损失函数替换为原始的转移矩阵与MSE损失函数（MSE为均方误差），并对其进行训练和评估。

“Single-trans”基线将所有目标的特征聚集到转移矩阵的前景通道和背景通道中，性能如表7-3所示。在视频级评价标准和图像级评价标准中，大部分指标都弱于多目标转移矩阵。在网络训练过程中，当车辆变道或车道线被遮挡时，网络在单一的转移矩阵预测过程中，将所有实例车道线聚合到前景通道和背景通道，该聚合过程会出现更多与目标像素无关的离散点，且MSE易受离散点干扰，可能导致网络的学习发生偏移。

表7-3　不同转移矩阵对整体模型的影响

标准	Single-trans	Multi-trans
mIoU	0.694	**0.717**
$F1^{0.5}$	0.853	**0.855**
$F1^{0.8}$	0.469	**0.478**
Accuracy	0.925	**0.933**
FP	0.106	**0.097**
FN	0.108	**0.084**
M_T	0.458	**0.433**
M_J	0.710	**0.726**
O_J	0.862	**0.878**
D_J	**0.015**	0.020
M_F	0.929	**0.936**
O_F	0.987	**0.994**
D_F	0.024	**0.018**

图7-17展示了两种基线对同一个变道场景的预测结果。在标签中$T-1$帧最左侧的黄色车道线在T帧应预测为红色，但网络经过“Single-trans”修正后，在图（b）中T帧的预测结果中夹杂着两种颜色，这意味着模型无法学习该车道线的演化方向，而在“Multi-trans”基线中每条实例车道线具有独立的转移矩阵，T帧的预测结果如图（d）所示，每条实例车道线的演化结果显得更加独立和平滑。

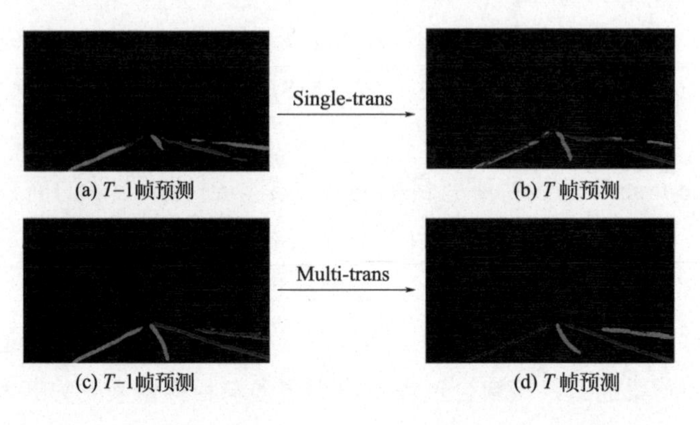

图7-17　原始转移矩阵和多目标转移矩阵在变道过程中的预测结果对比

7.8 对比实验结果与分析

为评估本章方法的先进性，在视频级数据集VIL-100上，将MT-Net与先进的图像级和视频级检测方法进行比较。图像级方法包括LaneNet、SCNN、ENet-SAD、UFSA、LSTR，视频级方法包括RVOS、STM、AFB-URR、GAM、TVOS、MMA-Net。

将MT-Net在图像级数据集TuSimple、CULane中进行测试，与其他先进的图像级和视频级车道线检测方法进行比较。图像级车道线检测方法包括LaneNet、SCNN、ENet-SAD、UFSA、LSTR，视频级方法为MMA-Net。

7.8.1 在VIL-100中定量分析与对比

在表7-4中共记录了6种图像级车道线评价标准，粗体数值表示最优的精度。前5种方法是图像级车道线检测中的SOTA方法，6～11种是视频级实例检测中的SOTA方法。本节将这两类方法在VIL-100数据集中进行分析，视频实例检测方法在曲线拟合标准方面表现较差，其中最突出的指标就是误检率（FP）、漏检率（FN）。但在区域指标$F1^{0.5}$、$F1^{0.8}$上，一些视频实例检测方法却有着较好的性能，如STM、GAM等。

表7-4　图像级评价标准下MT-Net与其他先进方法在VIL-100数据集上进行定量对比

方法	年份	区域			线		
		mIoU	$F1^{0.5}$	$F1^{0.8}$	Accuracy	FP	FN
LaneNet	2018	0.633	0.721	0.222	0.858	0.122	0.207
SCNN	2019	0.517	0.491	0.134	0.907	0.128	0.110
ENet-SAD	2019	0.616	0.755	0.205	0.886	0.170	0.152
UFSA	2020	0.465	0.310	0.068	0.852	0.115	0.215
LSTR	2021	0.573	0.703	0.131	0.884	0.163	0.148
GAM	2019	0.602	0.703	0.316	0.855	0.241	0.212
RVOS	2019	0.294	0.519	0.182	0.909	0.610	0.119
STM	2019	0.597	0.756	0.327	0.902	0.228	0.129
AFB-URR	2020	0.515	0.600	0.127	0.846	0.255	0.222
TVOS	2020	0.157	0.240	0.037	0.461	0.582	0.621
MMA-Net	2021	0.705	0.839	0.458	0.910	0.111	0.105
MT-Net	**2023**	**0.717**	**0.855**	**0.478**	**0.933**	**0.097**	**0.084**

在表7-4中，本章的模型与VIL-100数据集的SOTA模型相比具有明显的优势。首先，在线性标准方面，Accuracy提升2.53%，FP降低12.61%，FN降低20%。与MMA-Net相比，本章方法减少了车道线的漏检与误检问题，并在线性拟合精度上进行了提高。其次，在区域重合度方面，$F1^{0.5}$提升1.9%，mIoU提升1.70%，$F1^{0.8}$提升4.3%，达到该数据集中最先进的水平。

表7-5 视频级评价标准下MT-Net与MMA-Net在VIL-100中进行定量比较

方法	M_J	O_J	M_F	O_F	M_T	D_J	D_F	fps	参数量/MB
MMA-Net	0.692	0.844	0.918	0.983	0.496	0.050	0.020	7.25	57.91
MT-Net	**0.726**	**0.878**	**0.936**	**0.994**	**0.433**	**0.020**	**0.018**	**20.23**	**21.84**

在表7-5中，基于7种视频级的评价标准来评估MT-Net在VIL-100中的表现，粗体数值表示最优的精度。与SOTA方法相比，该方法在区域相似度（*J*）方面，平均（*M*）提高4.91%，召回（*O*）提高4.02%，衰减（*D*）下降60%。因此，本章的方法在分割结果中，实现更好的位置预测。在轮廓精度（*F*）方面，平均（*M*）提高1.96%，召回（*O*）提高1.11%，衰减（*D*）减少10%。在视频分割结果中，MT-Net可以更好地保持多实例车道线的轮廓特征。在时间稳定性（M_T）方面，MT-Net的成本降低12.70%，这表明MT-Net减少了分割结果中的抖动和不稳定性，使得预测结果在时间维度上的演化更加平滑。

为评估MT-Net的实时性，本节在型号为NVIDIA GTX 3060的GPU中分别测试SOTA方法和MT-Net的推理速度。实时性测试结果如表7-5所示，MMA-Net所需的模型参数量是MT-Net的2.65倍，推理速度仅为MT-Net的1/3。因此，本章设计的模型不仅获得更快的速度，而且显著提高了模型在时间维度上的稳定性和精度。

7.8.2 在VIL-100中定性分析与对比

本节定性对比了MT-Net与SOTA模型在动态交通场景下的表现。如图7-18所示：图（a）、图（e）为视频中连续五帧，其中图（a）展示了车辆变道过程，图（e）展示了车辆穿越十字路口场景；图（b）、图（f）为动态场景的标签；图（c）、图（d）为变道过程中两种模型的预测结果；图（g）、图（h）是两种模型穿越十字路口的预测结果。

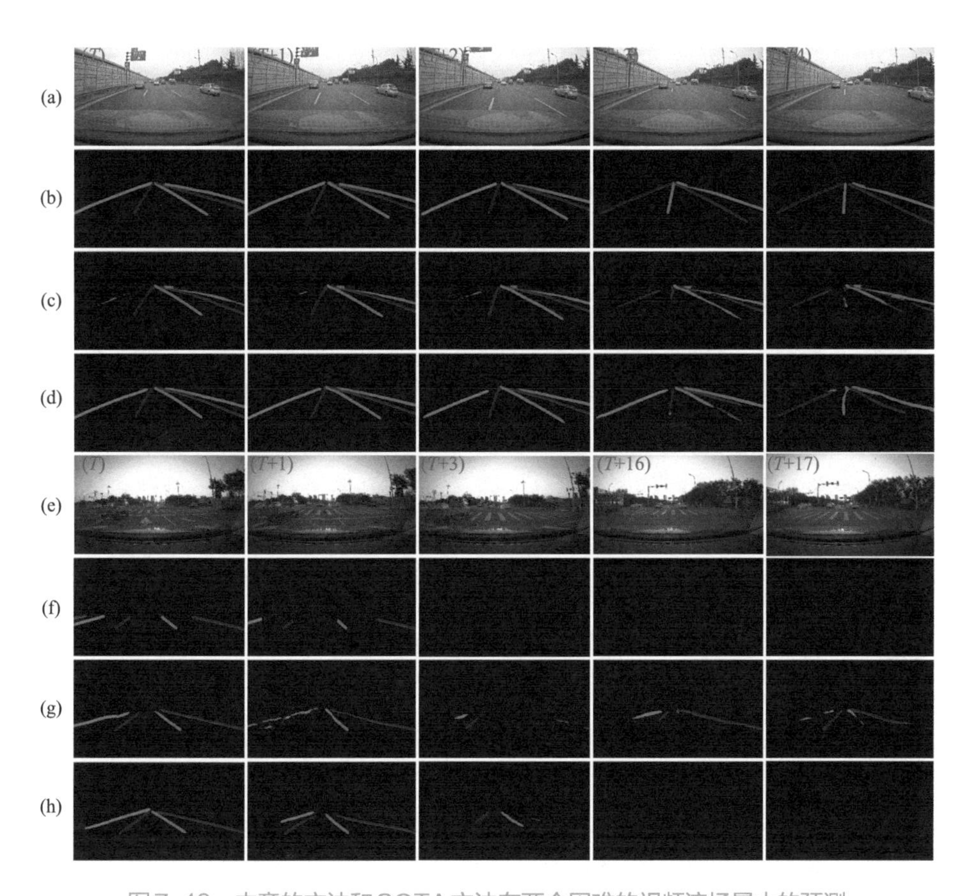

图7-18　本章的方法和SOTA方法在两个困难的视频流场景中的预测

图（c）展示了SOTA模型在短时间变道场景下的预测结果。从*T*帧到*T*+2帧，MMA-Net无法检测到最左侧车道线，并且在最右侧误检出一条棕色车道线。在*T*+2帧到*T*+3帧的变道过程中，由于相邻帧缺乏强关联性，*T*+2帧的特征在*T*+3帧中消失，导致后续预测中出现一些误检与漏检。在*T*+3帧的预测结果中，MMA-Net同时将左侧的两条实例车道线预测为左侧第一条车道线，模型无法确定车道线的位置，从而可能导致车辆判断错误。

图（d）展示了本章模型在短时间变道场景下的预测结果。从*T*帧到*T*+2帧，MT-Net的预测结果拥有更高的精度。在变道过程中，自适应局部模板建立了帧间的强关联性，维持了*T*+2帧到*T*+3帧较好的车道线演化。在*T*+3帧，网络处于交替状态，该状态下模型出现一些误检与漏检，如未检测出最右侧车道线。但通过记忆模板更新和多目标转移矩阵修正，由交替状态引起的误差在*T*+4帧得到部分纠正。

图（g）展示了SOTA模型在长时间穿越十字路口场景中的预测结果。

从T帧到T+1帧，随着车道线标记减少，MMA-Net的预测变差。在T+3帧，车辆进入无车道线区域，由于记忆聚合模块的影响，从T+3帧到T+17帧，MMA-Net的记忆聚合模块对无车道线区域保持较高响应，导致模型在无车道线的区域出现预测误差。

图（f）展示了本章模型在长时间穿越十字路口场景中的预测结果。在T+3帧，模型处于交替状态，对一些无车道线区域同样产生较高的响应，对于特征变化较大的场景，ALT需要经过一段时间的迭代和更新。从T+16帧到T+17帧，模型通过ALT的更新迭代，减少了固有误差引起的噪声，从而减少模型的误检。

通过定性分析SOTA模型与MT-Net在两种动态场景下的预测结果可知，MMA-Net不能及时纠正序列预测中的错误，并且错误的预测会通过记忆进行传播。在MT-Net中，由于序列间存在稳定的特征关联和校正能力，减少了模型不稳定的预测以及因抖动带来的误检与漏检。

7.8.3 在TuSimple中进行定量与定性分析与对比

为评估本章模型在固定场景下的泛化性，基于图像级评价标准，在TuSimple数据集上分别测试MT-Net、MMA-Net，并在表7-6中列出它们的测试结果,最优的精度在表中进行加粗显示。

表7-6 TuSimple数据集中图像级方法与视频级方法的实验结果

方法	Accuracy	FP	FN
SCNN	**96.53%**	**0.0617**	**0.0180**
LaneNet	96.38%	0.0780	0.0244
UFSA	95.86%	0.1891	0.0375
LSTR	96.18%	0.0910	0.0338
MMA-Net	93.41%	0.1841	0.1498
本章方法	94.16%	0.1553	0.1072

表7-6展示了多种方法在TuSimple数据集上的精度，由于TuSimple数据集的大多数场景设置在高速上，图像级检测模型之间的性能差距较小，表中SCNN取得最高的精度。与一些图像级车道线检测方法相比，本章的模型在误检和漏检方面表现较差，落后于单帧检测方法。由于TuSimple数据集缺乏先验的时序信息，在自定义的测试序列中，车道线特征在帧间频繁变化，导

致MT-Net在预测过程中出现较多的交替状态，从而导致更多的误检（FP）和漏检（FN）。

在图7-19中，本章从定性的角度分析MT-Net与MMA-Net在TuSimple数据集上的表现。图中用橙色标记出MMA-Net在该车道线区域的预测结果，用蓝色标记出MT-Net在该车道线区域的预测结果。在同一图像中，MMA-Net在标记区域产生大量的漏检，并且无法识别被物体遮挡的车道线。本章的模型在遮挡情况下仍然可以检测到最左侧车道线，并保持较好的线性精度。图中，第2、4、6行为MT-Net的预测结果，与MMA-Net相比，该模型降低了大量的漏检率，提高了线性精度。总体而言，MT-Net相比于MMA-Net具有更强的固定场景泛化性。

7.8.4　在CULane中进行定量与定性分析与对比

本节主要讨论MT-Net在图像级复杂场景中的适应性。本章选取CULane数据集作为测试集，分别测试本章提出的方法和MMA-Net方法，并在表7-7中列出了它们的测试结果以及其他图像级检测方法的测试结果。本章的模型在普通、拥挤、夜间、强光场景中达到较高的水平，但是在无车道线场景下性能较差。本章的模型建立了帧间强关联性，会根据过去帧的记忆与模板在无车道线区域出现误检，并随着记忆模板的更新，可能导致无车道线区域始终无法检测到车道线。在其他场景中，本章的模型与MMA-Net相比拥有更高的精度和更强的适应性。

表7-7　CULane数据集中图像级方法与视频级方法的实验结果

方法	ENet-SAD	UFSA	MMA-Net	本章方法
普通	90.10	87.70	89.50	**91.00**
拥挤	68.80	66.00	62.40	**70.20**
强光	60.20	58.40	59.30	**60.50**
阴影	**65.90**	62.80	64.10	64.70
无车道线	**41.60**	40.20	36.10	38.20
含有箭头	**84.00**	81.00	84.30	83.20
弯曲	**65.70**	57.90	59.60	64.20
十字路口	**1998**	1743	1872	1942
夜间	66.00	62.10	63.40	**67.80**
全体	70.80	68.40	69.30	**71.90**

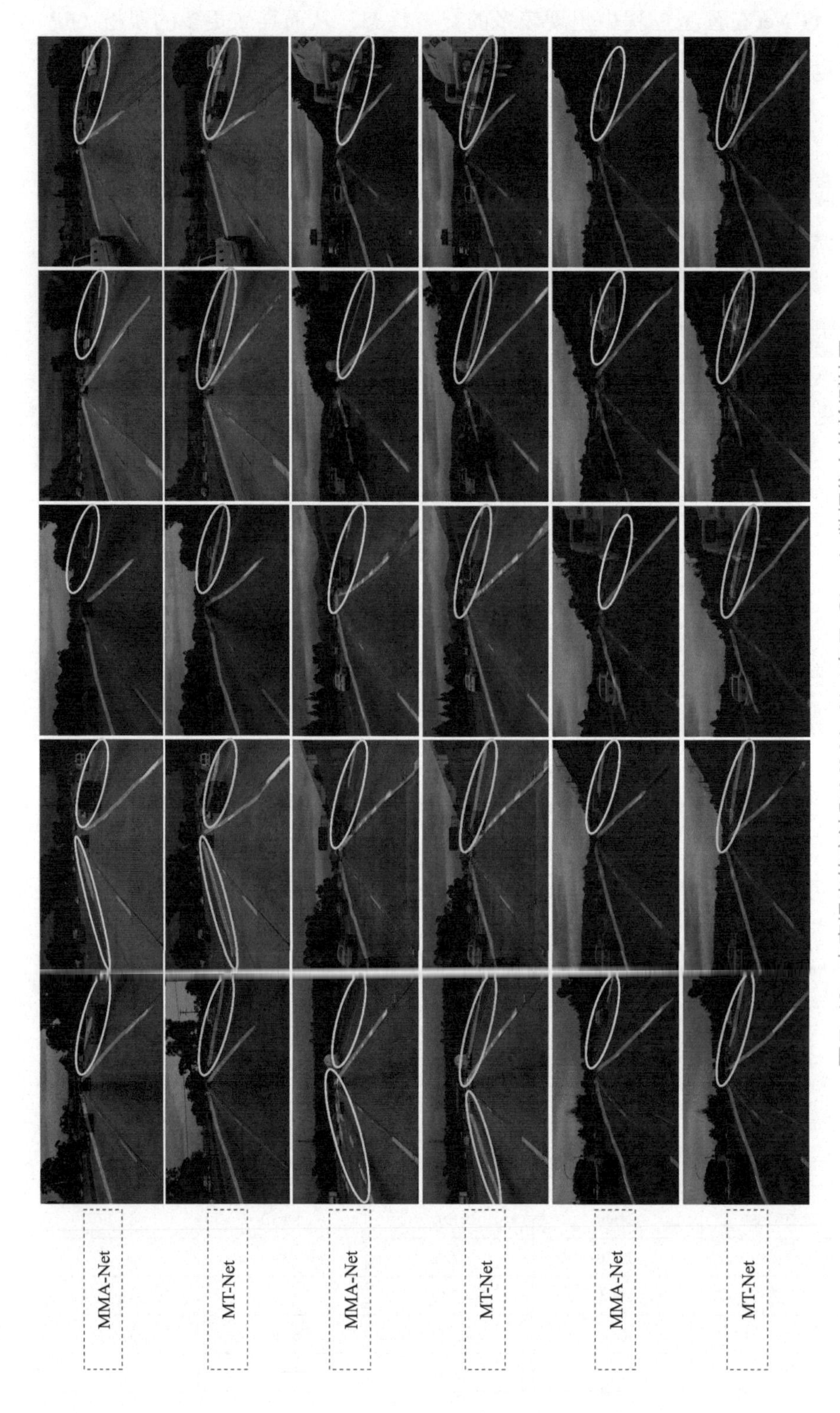

图7-19　本章提出的方法和MMA-Net在TuSimple数据集上的检测结果

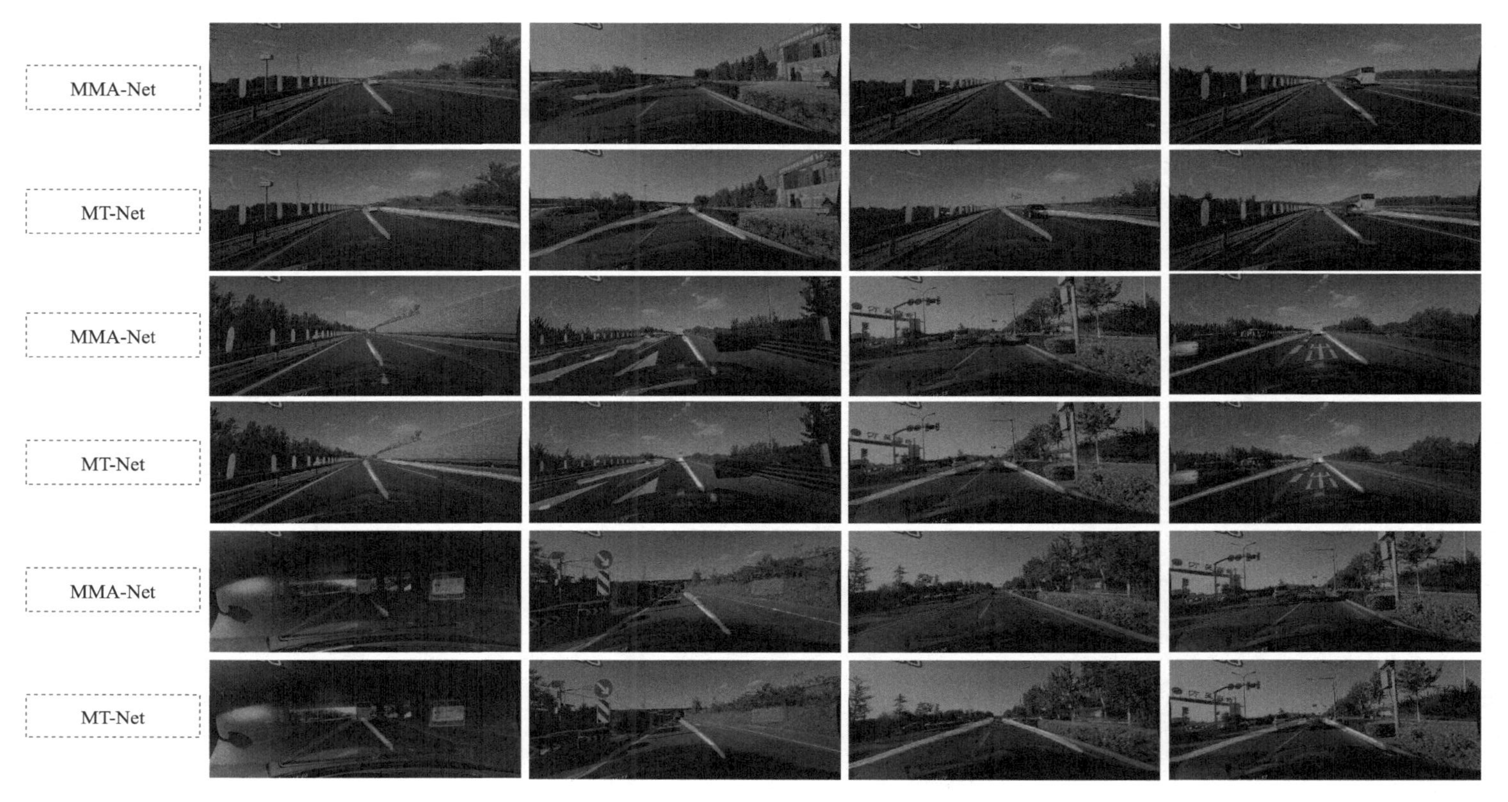

图7-20　本章提出的方法和MMA-Net在CULane数据集上的检测结果

从定性的角度分析MT-Net与MMA-Net在CULane数据集上的表现。如图7-20所示，第1行为MMA-Net的预测结果，与第2行相比本章的模型在普通光照的道路环境下预测效果明显更好，尤其体现在最右侧车道线预测结果上，MT-Net不仅能够检测出边缘区域的车道线，而且维持良好的线性。图7-20中第5行与第6行相比，在光线较差的隧道场景中，MT-Net能够保持较好的检测。在其他的场景下，MT-Net对左侧车道线更加敏感，检测效果也更好。总体而言，MT-Net对图像中最左侧和最右侧的车道线更加敏感，能够获得更好的检测结果，在昏暗和无明显车道线的地方有更好的表现。

7.9　实车实验

本节使用智能车作为实车实验平台，该平台搭载了单目相机与模型可视化界面，在校园内的不同场景进行视频采集。将本章提出的模型与SOTA模型进行实时检测与对比，以验证本章提出的多帧实例车道线检测算法在真实场景中的有效性和实用性。

7.9.1　实验装置介绍

① 车载相机。车载相机选用深圳森云智能科技有限公司的SG2-IMX390C-5200-GMSL2-H×××单目相机（如图7-21），采用高动态车规图像传感器（索尼SONY2.12MP），配合主流串行传输芯片进行图像的采集。该相机的相机靶面尺寸为1/2.7英寸[1]，像元尺寸为3μm，采集帧率最高为30fps，分辨率为210万像素（1920H×1080V），镜头有效焦距为4mm，耗能较小，结构紧凑，搭配数据采集模组，可支持USB3.0接口、UVC协议以及Windows/Linux驱动。相机安装位置如图7-22所示，相机布置在实验车的正前方，利用可调节的移动夹将其固定，可获得更为全面的道路信息。

② 智能车实验平台。本章使用百度Apollo线控底盘作为感知系统的载体，在此基础上搭建实验平台。智能车实物如图7-23所示，该平台由5个模

[1] 1英寸＝2.54cm。

图7-21　车载相机实物图

图7-22　相机的安装位置图

图7-23　智能车实验平台

块构成：线控底盘、车载相机、上位机、路由器、工控机。本章以车载相机作为算法载体，围绕智能车的车道线检测系统展开深入研究，以验证本章提出的视频级车道线检测算法的性能。

感知系统工作流程：车载相机采用外触发方式进行光信号的采集，将该数据信号传输到相机控制盒中，转换为三通道RGB图像格式，通过USB3.0的通信方式在上位机进行显示。

如图7-24所示，本节利用PyQt5三方库，对实验车上位机的可视化界面进行设计。在该界面中右侧相机按钮用于调用车载相机，利用Start按钮将车载相机的视频流信息加载到模型中，实现目标场景的实时检测，Pause按钮用于终止调用车载相机，OpenVideo按钮用于检测本地已有的视频。

图7-24　上位机显示界面

7.9.2　相机标定模型搭建

真实的交通场景是三维的，但车载相机采集到的图像是二维的，并且车载相机在采集图像时受到多种因素的影响导致图片失真，如镜头畸变、光照变化、车辆运动、相机安装角度等。本章通过建立世界坐标系和图像坐标系之间的几何模型，来减少图像失真对车道线坐标和曲率的影响。

车载相机从采集到的二维图像开始，需要依次经过Camera坐标系和Car坐标系之间的转换。以Image坐标系下的某一像素点为例，经过如图7-25的坐标系转换，可根据像素坐标位置得知它在Car坐标系下的位置。

具体地，像素坐标系下任意点P与其在世界坐标系下的投影点p坐标之间的变换关系如下所示:

$$
\begin{aligned}
&Z_{\mathrm{c}}\begin{bmatrix} u \\ v \\ 1 \end{bmatrix}=\begin{bmatrix} \dfrac{1}{\mathrm{d}X} & 0 & u_0 \\ 0 & \dfrac{1}{\mathrm{d}Y} & u_0 \\ 0 & 0 & 1 \end{bmatrix}\begin{bmatrix} f & 0 & 0 & 0 \\ 0 & f & 0 & 0 \\ 0 & 0 & 1 & 0 \end{bmatrix}\begin{bmatrix} \boldsymbol{R} & \boldsymbol{t} \\ \boldsymbol{0}^{\mathrm{T}} & \boldsymbol{1} \end{bmatrix} \\
&\begin{bmatrix} X_{\mathrm{w}} \\ Y_{\mathrm{w}} \\ Z_{\mathrm{w}} \\ 1 \end{bmatrix}=\begin{bmatrix} \dfrac{f}{\mathrm{d}X} & 0 & u_0 & 0 \\ 0 & \dfrac{f}{\mathrm{d}Y} & v_0 & 0 \\ 0 & 0 & 1 & 0 \end{bmatrix}\begin{bmatrix} \boldsymbol{R} & \boldsymbol{t} \\ \boldsymbol{0}^{\mathrm{T}} & \boldsymbol{1} \end{bmatrix}\begin{bmatrix} X_{\mathrm{w}} \\ Y_{\mathrm{w}} \\ Z_{\mathrm{w}} \\ 1 \end{bmatrix}
\end{aligned}
\tag{7-9}
$$

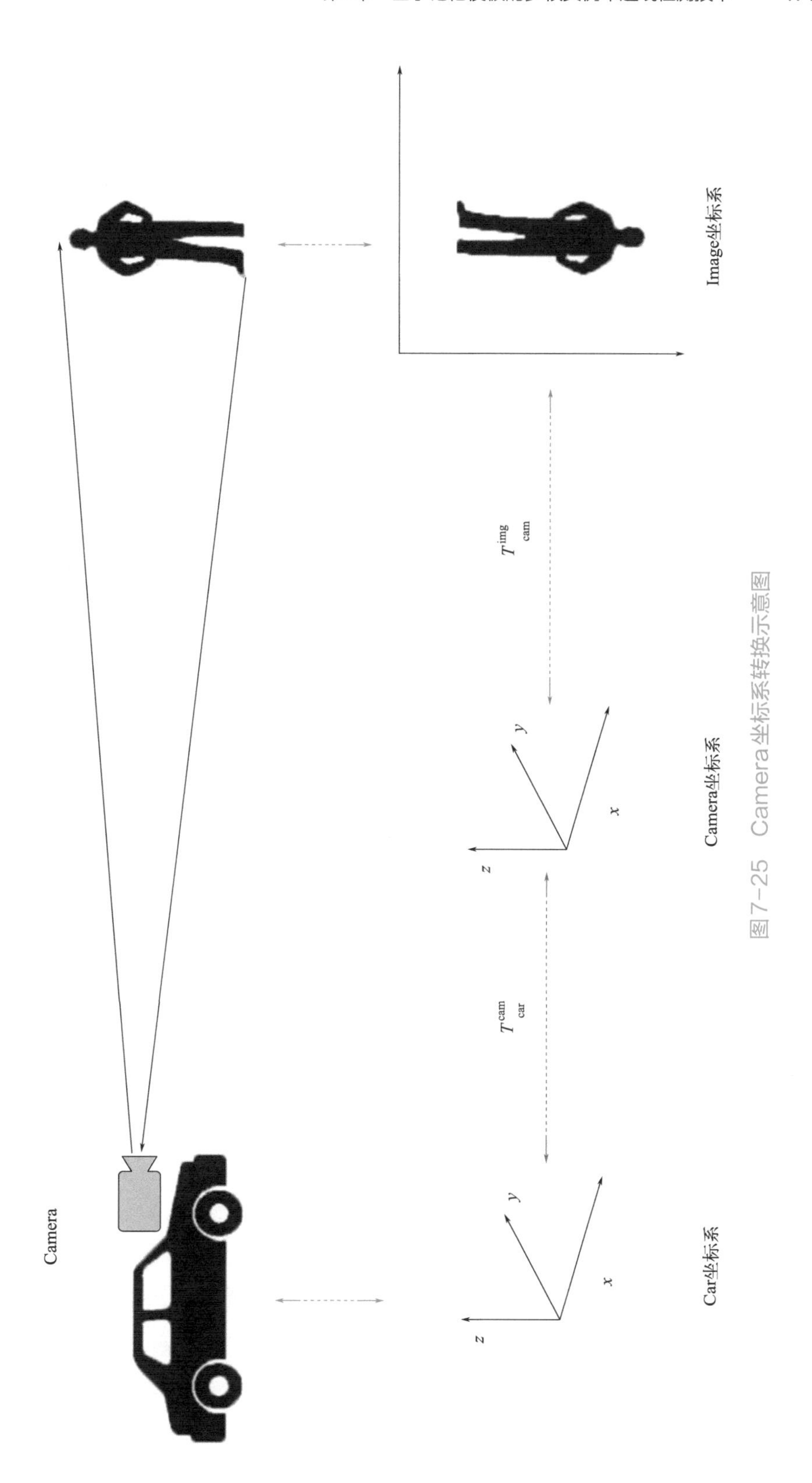

图7-25　Camera坐标系转换示意图

式中，（u,v）为P点在像素坐标系下的坐标；$\mathrm{d}X$和$\mathrm{d}Y$是每个像素在图像中的物理尺寸；f为相机的焦距；$\boldsymbol{R}$为一个3×3的单位正交矩阵，又称为旋转矩阵，表示坐标系之间的角度关系；$\boldsymbol{t}$为平移向量，表示坐标系之间的位置关系；（$X_w, Y_w, Z_w, 1$）为p点在世界坐标系下的齐次坐标形式。

令$a_x=f/\mathrm{d}X$，表示焦距f与像素点在u轴方向上物理尺寸的比值；$a_y=f/\mathrm{d}Y$，表示焦距f与像素点在v轴方向上物理尺寸的比值，则式（7-9）可等效为：

$$Z_c\begin{bmatrix}u\\v\\1\end{bmatrix}=\begin{bmatrix}\alpha_x & 0 & u_0 & 0\\0 & \alpha_y & v_0 & 0\\0 & 0 & 1 & 0\end{bmatrix}\begin{bmatrix}\boldsymbol{R} & \boldsymbol{t}\\\boldsymbol{0}^{\mathrm{T}} & \boldsymbol{1}\end{bmatrix}\begin{bmatrix}X_w\\Y_w\\Z_w\\1\end{bmatrix}=\boldsymbol{M}_1\boldsymbol{M}_2\begin{bmatrix}X_w\\Y_w\\Z_w\\1\end{bmatrix} \tag{7-10}$$

式中，$\boldsymbol{M}_1$为3×4的矩阵，由α_x、α_y、u_0和v_0等参数共同决定，属于车载相机的内参矩阵；$\boldsymbol{M}_2$为外参矩阵，由旋转矩阵$\boldsymbol{R}$和平移向量$\boldsymbol{t}$决定。

本节使用的车载相机为广角摄像头，在获取更大视野的同时，会产生明显的径向畸变。这种径向畸变使车道线在图像中的长度因与图像中心距离不同而发生变化，从而影响车道线检测算法对车道线的检测和跟踪。另外，径向畸变还可能改变车道线的宽度，导致检测出来的车道线宽度不一致，进而影响车道线的识别和分割。

车载相机径向畸变数学模型：

$$\begin{cases}u'=u\left(1+k_1r^2+k_2r^4+k_3r^6\right)\\v'=v\left(1+k_1r^2+k_2r^4+k_3r^6\right)\end{cases} \tag{7-11}$$

式中，$r^2=x^2+y^2$，（u',v'）为d点在像素坐标系中的坐标。

7.9.3　相机标定实验

本章的标定模型遵循张正友标定法，基于Python语言，利用OpenCV库中成熟的图像处理API，对相机标定模型进行搭建。模型搭建完成后根据标定板的位姿和标定板上的棋盘格角点，求解出相机内参和平均重投影误差。其中，重投影误差用于衡量标定内参矩阵和外参矩阵的精度，误差越小，标定的内外参矩阵精度越高。如图7-26所示，规定标定板的大小为1189mm×841mm，标定板上每个栅格的大小为108mm×108mm，宽度方向设置6个内角点，垂直方向设置8个内角点。

图7-26　相机内参标定场景

从标定场景中筛选出50张位姿相差较大的图像，这些图像包含标定板的不同位置和角度，分组求解相机的重投影误差。在图7-27中，横轴代表每组标定图片的个数，纵轴为平均重投影误差。可以看出，随着不同位姿的标

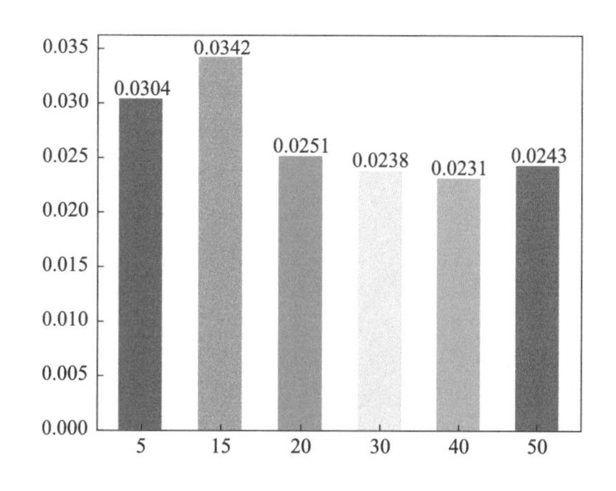

图7-27　不同标定图片数量下重投影误差分布柱状图

定图片数量增加，重投影误差逐步降低，并在第5组实验中得到最优的标定结果。最优标定结果得到的内参矩阵、外参矩阵和畸变系数如图7-28所示。

如图7-29（a）所示，畸变矫正前，左右侧墙体发生桶形弯曲，根据上述畸变系数矩阵，将失真点坐标映射到未失真坐标系中，通过坐标变换来去除图像畸变。在映射完成后，根据ROI区域裁剪图片。图（b）中为去除畸变后的结果。

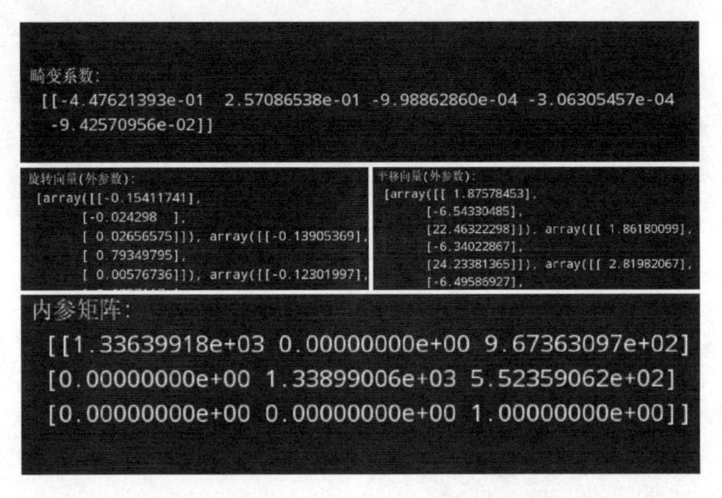

图7-28 最优标定结果得到的内参矩阵、外参矩阵和畸变系数

(a) 畸变矫正前 (b) 畸变矫正后

图7-29 畸变矫正结果

7.9.4 实时视频检测

本节利用智能车在校园内和校园周边进行实时视频采集，对采集的视频每隔10帧进行抽帧，利用在相同数据集下的训练权重，将连续的视频帧放入MT-Net进行实时检测，MMA-Net在本地视频中进行检测。将模型检测出

的车道线掩码从相机坐标系转换到车辆坐标系中，为车辆主动安全系统提供车道线坐标。

如图7-30所示，从T帧到T+3帧，MT-Net能够检测出最右侧蓝色车道线，在T+3帧变道后，MT-Net能够持续检测出最右侧绿色车道线。从T帧到T+3帧，MMA-Net可识别最右侧少量的车道线，但随时间更新记忆后，无法识别最右侧车道线，相邻帧关联性弱。

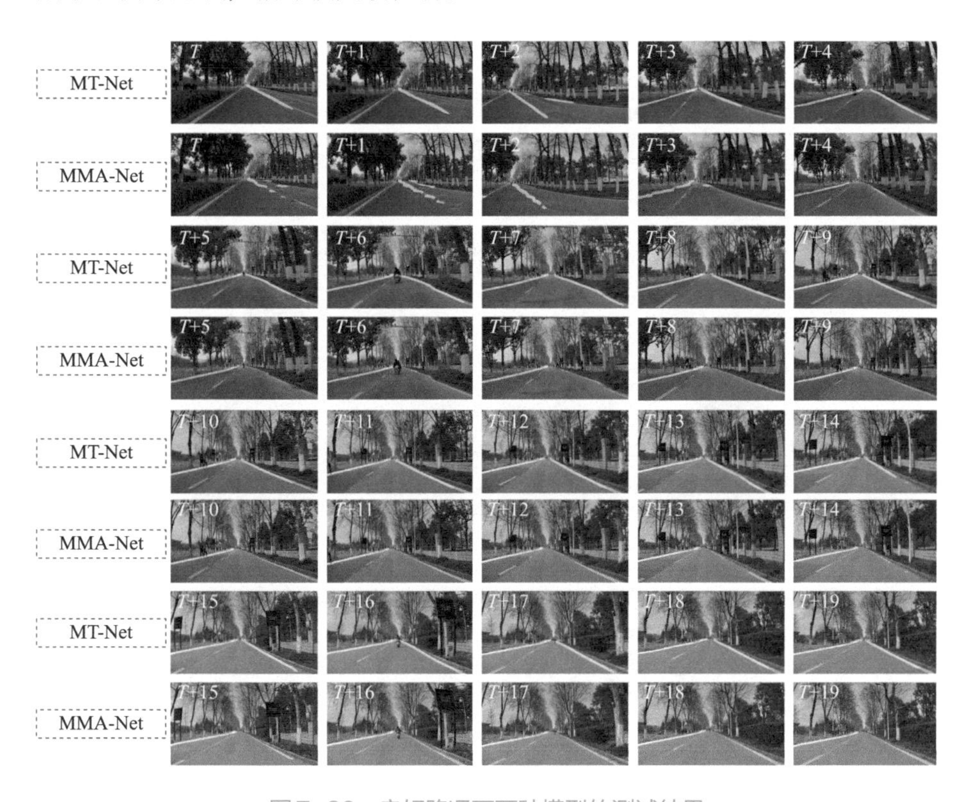

图7-30　良好路况下两种模型的测试结果

在视频二中，加入车辆和行人作为干扰源，检测结果如图7-31所示。

在视频三中，加入多条斑马线作为干扰源，模型需要检测稀疏车道线，结果如图7-32所示。

在视频四中，在夜晚场景下进行检测，结果如图7-33所示。

如图7-31所示，视频中加入一些车辆与行人干扰后，MT-Net仍能识别出被遮挡的车道线，以及最左侧的绿色车道线并保持良好的线性。如图7-32所示，视频中加入多条斑马线后，模型需要识别出无明显车道线标记的最右侧车道线以及斑马线之间的单黄色虚线。在进入该区域后，MT-Net进入交

图7-31　加入车辆与行人干扰后两种模型测试结果

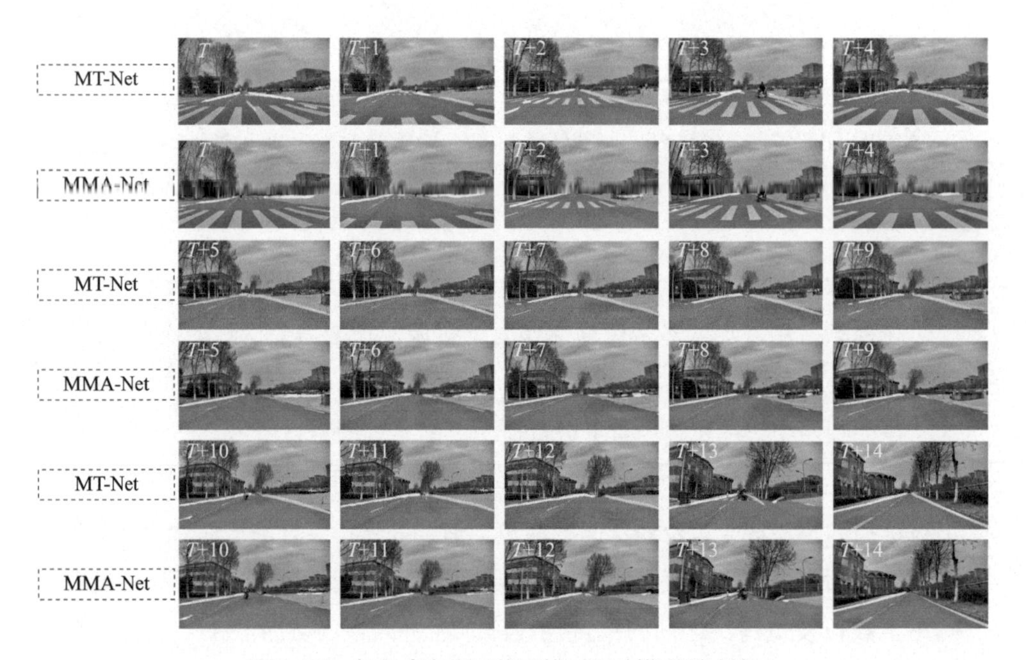

图7-32　加入多条斑马线干扰后两种模型测试结果

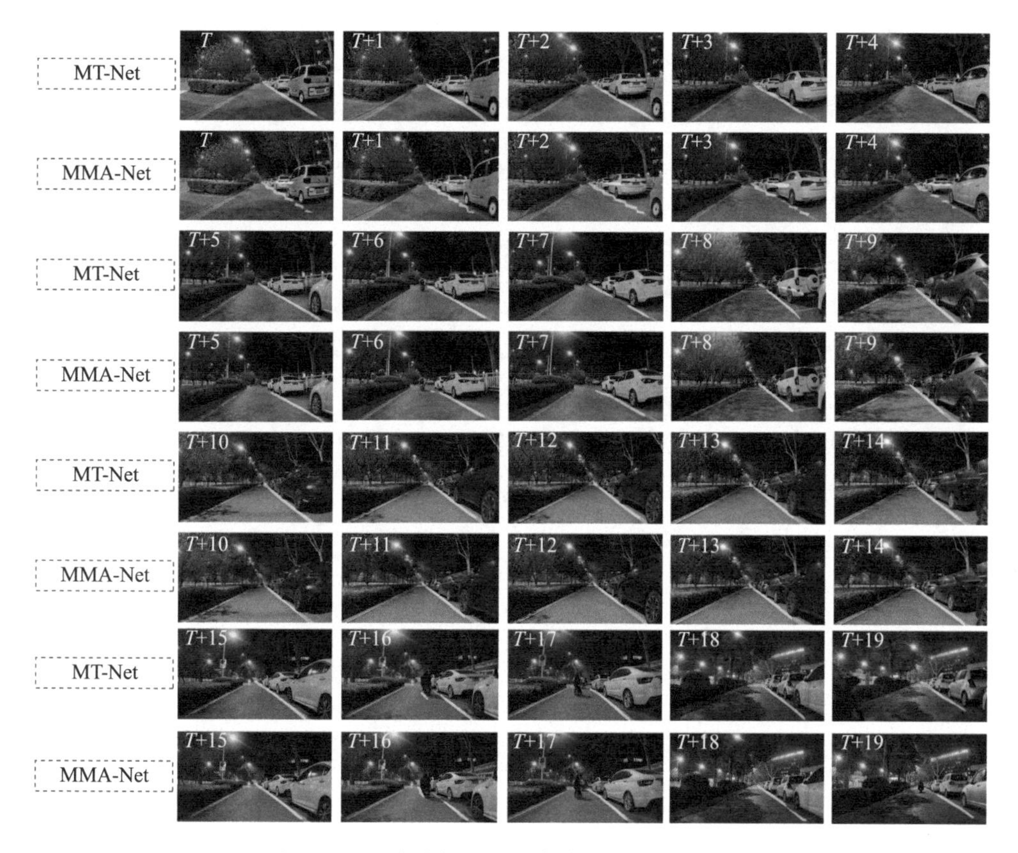

图7-33　夜晚场景下两种模型测试结果对比

替状态，出现更多误检，表现在第一行的*T*帧，将两条车道线判定为黄色实例，但在*T*+1帧模型纠正了这一点，重新判定为绿色实例，并在*T*+2帧完成纠正过程。在复杂场景下MMA-Net表现较差，从*T*帧到*T*+1帧中，将无车道线区域检测为黄色实例，无法检测出最左侧车道线，并且无法纠正已有的错误。如图7-33所示，视频的场景设置为夜晚，可以看到MT-Net模型具有良好的检测性能，从*T*+5帧到*T*+10帧，MT-Net的检测结果优于MMA-Net，保持更加完整的车道线检测。

根据上述四种常见的交通场景视频检测结果，本章设计的MT-Net明显优于MMA-Net，在帧间演化和模型检测精度方面更具优势，并且在复杂场景下适应性更强，能够纠正动态场景对模型预测结果的干扰，在时间维度上保持了更高的稳定性。

本章小结

本章提出了一种基于记忆模板的视频实例车道线检测网络，该网络能够主动学习实例车道线在帧间的演化，并在实验部分对其性能进行分析和验证。在实验的第一部分，首先在VIL-100数据集上训练，在消融实验中验证每个模块的性能。在第二部分，从定性和定量的角度将本章的模型与目前最先进的视频实例车道线检测模型在视频级和图像级车道线数据集中进行比较，以验证本章模型的先进性。在实验的第三部分，首先对智能车的车载相机进行标定，再将本章的模型与SOTA模型在四种场景下进行实车测试与对比。上述的实验结果表明，本章提出的方法达到了最初的设想效果，相比于SOTA模型拥有更高的精度和稳定性。

第8章

未来展望与发展趋势

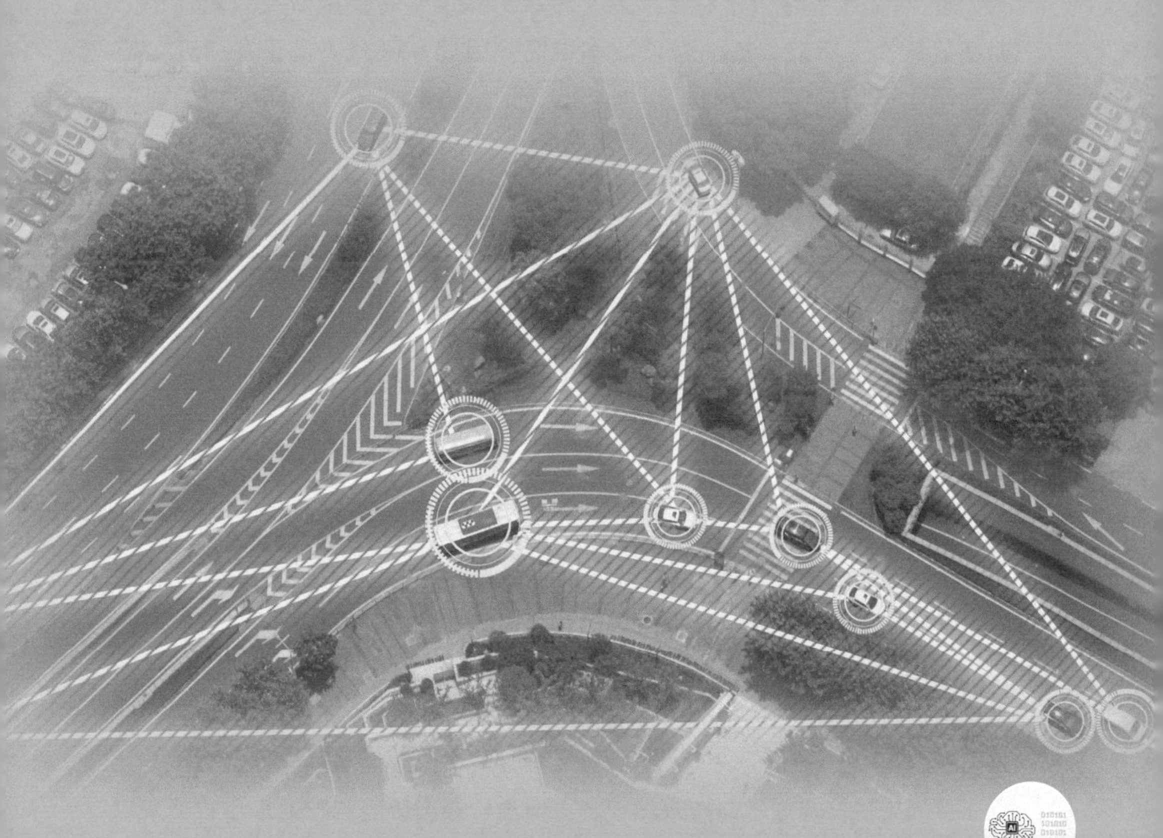

8.1 深度学习技术的进一步应用

深度学习技术在视频车道线检测领域有着广泛的应用，并且不断地取得进展。以下是深度学习技术在视频车道线检测领域进一步应用的一些方向。

① 多模态融合感知。深度学习模型可以集成多种传感器数据，包括摄像头、激光雷达、超声波传感器等。通过融合这些数据源，可以提高车道线检测的鲁棒性。例如，结合摄像头和激光雷达数据，可以在各种天气条件下更准确地检测车道线。

② 实时性提升。实时性对于自动驾驶系统至关重要。深度学习模型的硬件加速和轻量化网络设计使得在嵌入式系统上实现实时车道线检测成为可能。这有助于提高自动驾驶车辆的响应速度。

③ 半监督学习和无监督学习。传统的深度学习模型需要大量标记的训练数据，但标记数据的获取成本很高。因此，研究人员正在研究半监督学习和无监督学习方法，以减少对标记数据的依赖，同时保持模型的性能。

④ 不确定性建模。在自动驾驶中，模型的不确定性处理至关重要。深度学习模型通常很难估计不确定性，但研究人员正在探索使用贝叶斯深度学习和蒙特卡洛方法等技术来更好地量化不确定性，提高车道线检测的可靠性。

⑤ 语义分割和实例分割。除了检测车道线的位置，还可以进一步分析车道线的类型、颜色和其他语义信息。语义分割和实例分割技术可以提供更多的信息，有助于更全面地理解道路场景。

⑥ 端到端自动驾驶系统。深度学习技术使得端到端的自动驾驶系统成为可能，其中包括车道线检测、目标检测、路径规划等所有任务的集成。这可以降低系统的复杂性并提高整体性能。

⑦ 自适应学习和迁移学习。迁移深度学习模型从一个环境适应到另一个环境，这在自动驾驶中非常重要，因为车辆可能会在不同的地理位置和道路条件下运行。

总的来说，深度学习技术在视频车道线检测领域的不断进步将有助于提高自动驾驶和智能交通系统的性能和安全性。这些技术的发展有望推动更先进、更可靠的自动驾驶解决方案的出现，促进智能交通的发展。

8.2　智能交通系统的发展前景

基于深度学习的视频车道线检测技术对智能交通系统的发展前景具有深远的影响。以下是这种技术对智能交通系统发展的一些关键影响。

① 提高道路安全性。视频车道线检测技术可以帮助车辆实时识别和跟踪车道线，以提供更准确的导航和行驶指导。这有助于减少交通事故和道路危险，提高道路安全性。

② 推动自动驾驶技术。视频车道线检测技术是自动驾驶技术的核心组成部分之一。它使自动驾驶汽车能够在道路上准确地定位自己，遵循车道线，并与其他车辆交互。这将推动自动驾驶技术的发展，为未来的出行提供更多选择。

③ 优化交通流量。深度学习技术可以帮助交通管理系统更好地监测道路上的车流情况，识别交通拥堵并自动调整信号灯和对交通路口的控制，以优化交通流量，减少拥堵和等待时间。

④ 改进驾驶者辅助系统。深度学习技术的应用提高了驾驶者辅助系统的性能，包括车道线保持辅助、自适应巡航控制等。这使得驾驶更加便捷，减少了疲劳驾驶和驾驶误差的风险。

⑤ 改进城市规划和交通管理。深度学习技术帮助城市规划者更好地了解道路使用情况，改进城市交通规划。这有助于减少拥堵、提高交通效率，并减少城市污染。

⑥ 减少交通事故和伤害。视频车道线检测技术的高精度和实时性有助于减少交通事故和伤害。车辆可以更好地适应突发情况，避免碰撞，并在紧急情况下采取措施，如紧急制动。

⑦ 推动智能城市发展。深度学习技术的应用有助于构建更智能的城市，包括交通智能化、城市规划和资源管理的改进，以满足不断增长的城市人口和交通需求。

总之，基于深度学习的视频车道线检测技术将为智能交通系统带来更高效、更安全和更可持续的未来。它有望改善城市交通流动性，减少交通事故和排放，提高交通系统的整体性能，为城市居民提供更好的交通体验。

这将推动智能交通系统的发展，并对城市的可持续性和生活质量产生积极影响。

8.3 车道线检测技术的创新方向

基于深度学习的视频车道线检测技术一直在不断发展和创新，除了上述提到的多模态融合感知、实时性优化、自监督学习、不确定性建模、语义分割和实例分隔及端到端自动驾驶系统外，未来还有如下几个创新方向。

① 边缘计算和云协同。在车辆上使用边缘计算来执行车道线检测任务，同时利用云计算来进行更复杂的分析和决策。这种协同方式可以提高车辆的计算能力和决策能力。

② 对抗性训练。通过对抗性训练技术，增强模型的鲁棒性，使其能够应对恶意攻击和异常情况，保证车道线检测的可靠性。

这些创新方向将进一步推动基于深度学习的视频车道线检测技术的发展，有望提高自动驾驶和智能交通系统的性能和安全性。这些技术的不断进步将为未来的智能交通系统提供更高效、更安全和更可靠的解决方案。

参考文献

[1] 张程辉. 基于深度学习的多帧实例车车道线检测算法研究[D]. 芜湖：安徽工程大学，2023.
[2] Shi P, Zhang C, Xu S, et al. MT-Net: Fast video instance lane detection based on space time memory and template matching[J]. Journal of Visual Communication and Image Representation, 2023, 91: 103771.
[3] Zhang R, Du Y, Shi P, et al. ST-MAE: Robust lane detection in continuous multi-frame driving scenes based on a deep hybrid network[J]. Complex & Intelligent Systems, 2023, 9(5): 4837-4855.
[4] Dickmanns E D. Dynamic vision for perception and control of motion[M]. Berlin: Springer Science & Business Media, 2007.
[5] Borkar A, Hayes M, Smith M T. A novel lane detection system with efficient ground truth generation[J]. IEEE Transactions on Intelligent Transportation Systems, 2011, 13(1): 365-374.
[6] Deusch H, Wiest J, Reuter S, et al. A random finite set approach to multiple lane detection[C]//2012 15th International IEEE Conference on Intelligent Transportation Systems. IEEE, 2012: 270-275.
[7] Hur J, Kang S N, Seo S W. Multi-lane detection in urban driving environments using conditional random fields[C]//2013 IEEE Intelligent Vehicles Symposium (Ⅳ). IEEE, 2013: 1297-1302.
[8] Pan X, Shi J, Luo P, et al. Spatial as deep: Spatial cnn for traffic scene understanding[C]//Proceedings of the AAAI Conference on Artificial Intelligence, 2018, 32(1).
[9] Yu F, Chen H, Wang X, et al. Bdd100k: A diverse driving dataset for heterogeneous multitask learning[C]//Proceedings of the IEEE/CVF Conference on Computer Vision and Pattern Recognition, 2020: 2636-2645.
[10] 董庆波. 复杂交通场景下车道线检测算法研究[D]. 哈尔滨：哈尔滨理工大学，2023.
[11] 刘志强. 基于多传感器融合的3D车辆检测算法研究[D]. 芜湖：安徽工程大学，2023.
[12] 李龙. 面向自动驾驶场景的目标检测与跟踪算法研究[D]. 芜湖：安徽工程大学，2023.
[13] Liu Z, Shi P, Qi H, et al. DS Augmentation: Density-Semantics Augmentation for 3-D Object Detection[J]. IEEE Sensors Journal, 2023, 23(3): 2760-2772.
[14] LeCun Y, Bengio Y, Hinton G. Deep learning[J]. Nature, 2015, 521(7553): 436-444.
[15] McCall J C, Trivedi M M. Video-based lane estimation and tracking for driver assistance: Survey, system, and evaluation[J]. IEEE Transactions on Intelligent Transportation Systems, 2006, 7(1): 20-37.
[16] Kim S, Park J H, Cho S I, et al. Robust lane detection for video-based navigation systems[C]//19th IEEE International Conference on Tools with Artificial Intelligence (ICTAI 2007). IEEE, 2007, 2: 535-538.

[17] Wang Y, Dahnoun N, Achim A. A novel system for robust lane detection and tracking[J]. Signal Processing, 2012, 92(2): 319-334.

[18] Lee C, Moon J H. Robust lane detection and tracking for real-time applications[J]. IEEE Transactions on Intelligent Transportation Systems, 2018, 19(12): 4043-4048.

[19] 刘宇. 基于深度学习的智能车辆车道线检测研究[D]. 邯郸：河北工程大学，2022.

[20] 王祥. 基于深度学习的车道线检测算法研究[D]. 南京：南京信息工程大学，2022.

[21] 朱鸿宇，杨帆，高晓倩，等. 基于级联霍夫变换的车道线快速检测算法[J]. 计算机技术与发展，2021, 31(1): 88-93.

[22] Haque M R, Islam M M, Alam K S, et al. A computer vision based lane detection approach[J]. International Journal of Image, Graphics and Signal Processing, 2019, 10(3): 27.

[23] Niu J, Lu J, Xu M, et al. Robust lane detection using two-stage feature extraction with curve fitting[J]. Pattern Recognition, 2016, 59: 225-233.

[24] 陈亦曼. 复杂场景下的车道线检测技术研究[D]. 杭州：浙江大学，2022.

[25] 杜宇风. 基于深度学习的车道检测方法[D]. 芜湖：安徽工程大学，2023.

[26] 齐恒. 基于多模态融合的三维环境感知算法研究[D]. 芜湖：安徽工程大学，2023.

[27] Qi H, Shi P, Liu Z, et al. TSF: Two-stage sequential fusion for 3D object detection[J]. IEEE Sensors Journal, 2022, 22(12): 12163-12172.

[28] Shi P, Liu Z, Qi H, et al. MFF-Net: Multimodal Feature Fusion Network for 3D Object Detection[J]. Computers, Materials & Continua, 2023, 75(3).

[29] Zhao H, Shi J, Qi X, et al. Pyramid scene parsing network[C]//Proceedings of the IEEE Conference on Computer Vision and Pattern Recognition, 2017: 2881-2890.

[30] Romera E, Alvarez J M, Bergasa L M, et al. Erfnet: Efficient residual factorized convnet for real-time semantic segmentation[J]. IEEE Transactions on Intelligent Transportation Systems, 2017, 19(1): 263-272.

[31] Neven D, De Brabandere B, Georgoulis S, et al. Towards end-to-end lane detection: An instance segmentation approach[C]//2018 IEEE Intelligent Vehicles Symposium (Ⅳ). IEEE, 2018: 286-291.

[32] Almeida T, Lourenço B, Santos V. Road detection based on simultaneous deep learning approaches[J]. Robotics and Autonomous Systems, 2020, 133: 103605.

[33] Ravindran P, Costa A, Soares R, et al. Classification of CITES-listed and other neotropical Meliaceae wood images using convolutional neural networks[J]. Plant Methods, 2018, 14: 1-10.

[34] 张露. 视觉注意力和深度学习驱动的车道线检测与分类研究[D]. 合肥：中国科学技术大学，2022.

[35] 赵凯堂. 基于深度学习的实时车道线检测算法的研究[D]. 长春：吉林大学，2022.

[36] 陈新禾. 基于深度学习的目标检测算法研究[D]. 芜湖：安徽工程大学，2023.

[37] Badrinarayanan V, Kendall A, Cipolla R. Segnet: A deep convolutional encoder-decoder

architecture for image segmentation[J]. IEEE Transactions on Pattern Analysis and Machine Intelligence, 2017, 39(12): 2481-2495.
[38] Nordeng I E, Hasan A, Olsen D, et al. DEBC detection with deep learning[C]//Image Analysis: 20th Scandinavian Conference, SCIA 2017, Tromsø, Norway, 2017: 248-259.
[39] Zhao Z, Wang Q, Li X. Deep reinforcement learning based lane detection and localization[J]. Neurocomputing, 2020, 413: 328-338.
[40] Hou Y, Ma Z, Liu C, et al. Learning lightweight lane detection cnns by self attention distillation[C]//Proceedings of the IEEE/CVF International Conference on Computer Vision, 2019: 1013-1021.
[41] 刘糠继 . 基于单目视觉的目标检测算法研究 [D]. 芜湖：安徽工程大学，2023.
[42] Qin Z, Wang H, Li X. Ultra fast structure-aware deep lane detection[C]//Computer Vision-ECCV 2020: 16th European Conference, Glasgow, UK, 2020: 276-291.
[43] Liu L, Chen X, Zhu S, et al. Condlanenet: A top-to-down lane detection framework based on conditional convolution[C]//Proceedings of the IEEE/CVF International Conference on Computer Vision, 2021: 3773-3782.
[44] Tabelini L, Berriel R, Paixao T M, et al. Polylanenet: Lane estimation via deep polynomial regression[C]//2020 25th International Conference on Pattern Recognition (ICPR). IEEE, 2021: 6150-6156.
[45] Graves A. Supervised sequence labelling with recurrent neural networks[A]. Studies in Computational Intelligence[M]. Berlin: Springer, 2012: 385.
[46] Perazzi F, Pont-Tuset J, McWilliams B, et al. A benchmark dataset and evaluation methodology for video object segmentation[C]//Proceedings of the IEEE Conference on Computer Vision and Pattern Recognition, 2016: 724-732.
[47] Kortli Y, Gabsi S, Voon L F C L Y, et al. Deep embedded hybrid CNN-LSTM network for lane detection on NVIDIA Jetson Xavier NX[J]. Knowledge-based Systems, 2022, 240: 107941.
[48] Kumar B, Gupta H, Sinha A, et al. Lane Detection for Autonomous Vehicle in Hazy Environment with Optimized Deep Learning Techniques[C]//Advanced Network Technologies and Intelligent Computing: First International Conference, ANTIC 2021, Varanasi, India, 2022: 596-608.
[49] Zou Q, Jiang H, Dai Q, et al. Robust lane detection from continuous driving scenes using deep neural networks[J]. IEEE Transactions on Vehicular Technology, 2019, 69(1): 41-54.
[50] Chng Z M, Lew J M H, Lee J A. RONELD: Robust neural network output enhancement for active lane detection[C]// 25th International Conference on Pattern Recognition (ICPR). IEEE, 2021: 6842-6849.
[51] Zhang Y, Zhu L, Feng W, et al. Vil-100: A new dataset and a baseline model for video instance lane detection[C]//Proceedings of the IEEE/CVF International Conference on Computer Vision, 2021: 15681-15690.

[52] He K, Zhang X, Ren S, et al. Deep residual learning for image recognition[C]//Proceedings of the IEEE Conference on Computer Vision and Pattern Recognition, 2016: 770-778.

[53] Kivinen J, Smola A J, Williamson R C. Online learning with kernels[J]. IEEE Transactions on Signal Processing, 2004, 52(8): 2165-2176.

[54] Voigtlaender P, Leibe B. Online adaptation of convolutional neural networks for video object segmentation[J]. arXiv preprint arXiv: 1706.09364, 2017.

[55] Bertinetto L, Valmadre J, Henriques J F, et al. Fully-convolutional siamese networks for object tracking[C]//Computer Vision–ECCV 2016 Workshops: Amsterdam, The Netherlands, 2016: 850-865.

[56] Zhang Y, Wu Z, Peng H, et al. A transductive approach for video object segmentation[C]//Proceedings of the IEEE/CVF Conference on Computer Vision and Pattern Recognition, 2020: 6949-6958.

[57] Cheng J, Tsai Y H, Wang S, et al. Segflow: Joint learning for video object segmentation and optical flow[C]//Proceedings of the IEEE International Conference on Computer Vision, 2017: 686-695.

[58] Lin F, Chou Y, Martinez T. Flow adaptive video object segmentation[J]. Image and Vision Computing, 2020, 94: 103864.

[59] Oh S W, Lee J Y, Xu N, et al. Video object segmentation using space-time memory networks[C]//Proceedings of the IEEE/CVF International Conference on Computer Vision, 2019: 9226-9235.

[60] Geiger A, Lenz P, Stiller C, et al. Vision meets robotics: The kitti dataset[J]. The International Journal of Robotics Research, 2013, 32(11): 1231-1237.

[61] Cordts M, Omran M, Ramos S, et al. The cityscapes dataset for semantic urban scene understanding[C]//Proceedings of the IEEE Conference on Computer Vision and Pattern Recognition, 2016: 3213-3223.

[62] Brostow G J, Fauqueur J, Cipolla R. Semantic object classes in video: A high-definition ground truth database[J]. Pattern Recognition Letters, 2009, 30(2): 88-97.

[63] Lee S, Kim J, Shin Yoon J, et al. Vpgnet: Vanishing point guided network for lane and road marking detection and recognition[C]//Proceedings of the IEEE International Conference on Computer Vision, 2017: 1947-1955.

[64] Behrendt K, Soussan R. Unsupervised labeled lane markers using maps[C]//Proceedings of the IEEE/CVF International Conference on Computer Vision Workshops, 2019.

[65] Bertozz M, Broggi A, Fascioli A. Stereo inverse perspective mapping: Theory and applications[J]. Image and Vision Computing, 1998, 16(8): 585-590.

[66] Song W, Yang Y, Fu M, et al. Lane detection and classification for forward collision warning system based on stereo vision[J]. IEEE Sensors Journal, 2018, 18(12): 5151-5163.

[67] Wang Z, Ren W, Qiu Q. Lanenet: Real-time lane detection networks for autonomous driving[J]. arXiv preprint arXiv: 1807.01726, 2018.

[68] Bai M, Mattyus G, Homayounfar N, et al. Deep multi-sensor lane detection[C]//2018 IEEE/RSJ International Conference on Intelligent Robots and Systems (IROS). IEEE, 2018: 3102-3109.

[69] Fan R, Dahnoun N. Real-time stereo vision-based lane detection system[J]. Measurement Science and Technology, 2018, 29(7): 074005.

[70] Ma Y, Havyarimana V, Bai J, et al. Vision-based lane detection and lane-marking model inference: A three-step deep learning approach[C]//2018 9th International Symposium on Parallel Architectures, Algorithms and Programming (PAAP). IEEE, 2018: 183-190.

[71] Gupta T, Sikchi H S, Charkravarty D. Robust lane detection using multiple features[C]//2018 IEEE Intelligent Vehicles Symposium (Ⅳ). IEEE, 2018: 1470-1475.

[72] Chen Z, Liu Q, Lian C. Pointlanenet: Efficient end-to-end cnns for accurate real-time lane detection[C]//2019 IEEE Intelligent Vehicles Symposium (Ⅳ). IEEE, 2019: 2563-2568.

[73] Tabelini L, Berriel R, Paixao T M, et al. Keep your eyes on the lane: Real-time attention-guided lane detection[C]//Proceedings of the IEEE/CVF Conference on Computer Vision and Pattern Recognition, 2021: 294-302.

[74] Garnett N, Cohen R, Pe' er T, et al. 3D-lanenet: End-to-end 3D multiple lane detection[C]//Proceedings of the IEEE/CVF International Conference on Computer Vision, 2019: 2921-2930.

[75] Lu Z, Xu Y, Shan X, et al. A lane detection method based on a ridge detector and regional G-RANSAC[J]. Sensors, 2019, 19(18): 4028.

[76] Van Gansbeke W, De Brabandere B, Neven D, et al. End-to-end lane detection through differentiable least-squares fitting[C]//Proceedings of the IEEE/CVF International Conference on Computer Vision Workshops, 2019.

[77] Yoo S, Lee H S, Myeong H, et al. End-to-end lane marker detection via row-wise classification[C]//Proceedings of the IEEE/CVF Conference on Computer Vision and Pattern Recognition Workshops, 2020: 1006-1007.

[78] Long J, Shelhamer E, Darrell T. Fully convolutional networks for semantic segmentation[C]//Proceedings of the IEEE Conference on Computer Vision and Pattern Recognition, 2015: 3431-3440.

[79] Cho K, Van Merriënboer B, Gulcehre C, et al. Learning phrase representations using RNN encoder-decoder for statistical machine translation[J]. arXiv preprint arXiv: 1406.1078, 2014.

[80] Chollet F. Xception: Deep learning with depthwise separable convolutions[C]//Proceedings of the IEEE Conference on Computer Vision and Pattern Recognition, 2017: 1251-1258.

[81] Yu F, Koltun V. Multi-scale context aggregation by dilated convolutions[J]. arXiv preprint arXiv:1511.07122, 2015.

[82] Wang J, Chen K, Xu R, et al. Carafe: Content-aware reassembly of features[C]//Proceedings of the IEEE/CVF International Conference on Computer Vision, 2019: 3007-

3016.

[83] Liu Z, Lin Y, Cao Y, et al. Swin Transformer: Hierarchical vision transformer using shifted windows[J]. IEEE International Conference on Computer Vision, 2021: 9992-10002.

[84] Netrapalli P. Stochastic gradient descent and its variants in machine learning[J]. Journal of the Indian Institute of Science, 2019, 99(2): 201-213.

[85] Lin T Y, Goyal P, Girshick R, et al. Focal loss for dense object detection[C]//Proceedings of the IEEE International Conference on Computer Vision, 2017: 2980-2988.

[86] Wang Y, Hu J, Wang F, et al. Tire road friction coefficient estimation: Review and research perspectives[J]. Chinese Journal of Mechanical Engineering, 2022, 35(1): 1-11.

[87] Shi X, Chen Z, Wang H, et al. Convolutional LSTM network: A machine learning approach for precipitation nowcasting[J]. Advances in Neural Information Processing Systems, 2015, 28: 802-810.

[88] Deng J, Dong W, Socher R, et al. Imagenet: A large-scale hierarchical image database[C]//2009 IEEE Conference on Computer Vision and Pattern Recognition. IEEE, 2009: 248-255.

[89] Bottou L. Large-scale machine learning with stochastic gradient descent[C]//Proceedings of COMPSTAT’ 2010: 19th International Conference on Computational Statistics, Paris France, 2010: 177-186.

[90] Ronneberger O, Fischer P, Brox T. U-net: Convolutional networks for biomedical image segmentation[C]//Medical Image Computing and Computer-Assisted Intervention-MICCAI 2015: 18th International Conference, Munich, Germany, 2015: 234-241.

[91] Sukhbaatar S, Weston J, Fergus R. End-to-end memory networks[J]. Advances in Neural Information Processing Systems, 2015, 28.

[92] Cheng H K, Tai Y W, Tang C K. Rethinking space-time networks with improved memory coverage for efficient video object segmentation[J]. Advances in Neural Information Processing Systems, 2021, 34: 11781-11794.

[93] Yang T, Chan A B. Learning dynamic memory networks for object tracking[C]//Proceedings of the European Conference on Computer Vision (ECCV), 2018: 152-167.

[94] Miah M, Bilodeau G A, Saunier N. Multi-Object Tracking and Segmentation with a Space-Time Memory Network[J]. arXiv preprint arXiv: 2110.11284, 2021.

[95] Cheng H K, Tai Y W, Tang C K. Modular interactive video object segmentation: Interaction-to-mask, propagation and difference-aware fusion[C]//Proceedings of the IEEE/CVF Conference on Computer Vision and Pattern Recognition, 2021: 5559-5568.

[96] Wang H, Jiang X, Ren H, et al. Swiftnet: Real-time video object segmentation[C]//Proceedings of the IEEE/CVF Conference on Computer Vision and Pattern Recognition, 2021: 1296-1305.

[97] Fan M, Lai S, Huang J, et al. Rethinking bisenet for real-time semantic segmentation[C]//Proceedings of the IEEE/CVF Conference on Computer Vision and Pattern Recognition,

2021: 9716-9725.

[98] Khoreva A, Benenson R, Ilg E, et al. Lucid data dreaming for object tracking[C]//The DAVIS Challenge on Video Object Segmentation, 2017.

[99] Khoreva A, Benenson R, Hosang J, et al. Simple does it: Weakly supervised instance and semantic segmentation[C]//Proceedings of the IEEE Conference on Computer Vision and Pattern Recognition, 2017: 876-885.

[100] Pont-Tuset J, Perazzi F, Caelles S, et al. The 2017 davis challenge on video object segmentation[J]. arXiv preprint arXiv: 1704.00675, 2017.

[101] Qi X, Liu Z, Liao R, et al. Geonet++: Iterative geometric neural network with edge-aware refinement for joint depth and surface normal estimation[J]. IEEE Transactions on Pattern Analysis and Machine Intelligence, 2020, 44(2): 969-984.

[102] Fan R, Wang H, Cai P, et al. Sne-roadseg: Incorporating surface normal information into semantic segmentation for accurate freespace detection[C]//Computer Vision-ECCV 2020: 16th European Conference, Glasgow, UK, 2020: 340-356.

[103] Zamir A R, Sax A, Cheerla N, et al. Robust learning through cross-task consistency[C]// Proceedings of the IEEE/CVF Conference on Computer Vision and Pattern Recognition, 2020: 11197-11206.

[104] Zamir A R, Sax A, Shen W, et al. Taskonomy: Disentangling task transfer learning[C]// Proceedings of the IEEE Conference on Computer Vision and Pattern Recognition, 2018: 3712-3722.

[105] Huang G, Liu Z, Van Der Maaten L, et al. Densely connected convolutional networks[C]// Proceedings of the IEEE Conference on Computer Vision and Pattern Recognition, 2017: 4700-4708.

[106] Sandler M, Howard A, Zhu M, et al. Mobilenetv2: Inverted residuals and linear bottlenecks[C]//Proceedings of the IEEE Conference on Computer Vision and Pattern Recognition, 2018: 4510-4520.

[107] Hou Q, Zhou D, Feng J. Coordinate attention for efficient mobile network design[C]// Proceedings of the IEEE/CVF Conference on Computer Vision and Pattern Recognition, 2021: 13713-13722.

[108] Selvaraju R R, Cogswell M, Das A, et al. Grad-cam: Visual explanations from deep networks via gradient-based localization[C]//Proceedings of the IEEE International Conference on Computer Vision, 2017: 618-626.

[109] Li J, Jiang F, Yang J, et al. Lane-DeepLab: Lane semantic segmentation in automatic driving scenarios for high-definition maps[J]. Neurocomputing, 2021, 465: 15-25.

[110] Liang D, Guo Y C, Zhang S K, et al. Lane detection: A survey with new results[J]. Journal of Computer Science and Technology, 2020, 35: 493-505.

[111] Everingham M, Van Gool L, Williams C K I, et al. The pascal visual object classes (voc) challenge[J]. International Journal of Computer Vision, 2010, 88: 303-338.

[112] Belongie S, Malik J, Puzicha J. Shape matching and object recognition using shape contexts[J]. IEEE Transactions on Pattern Analysis and Machine Intelligence, 2002, 24(4): 509-522.

[113] Rabiner L, Juang B H. Fundamentals of speech recognition[M]. Prentice-Hall, Inc., 1993.

[114] Liu R, Yuan Z, Liu T, et al. End-to-end lane shape prediction with transformers[C]//Proceedings of the IEEE/CVF Winter Conference on Applications of Computer Vision, 2021: 3694-3702.

[115] Ventura C, Bellver M, Girbau A, et al. Rvos: End-to-end recurrent network for video object segmentation[C]//Proceedings of the IEEE/CVF Conference on Computer Vision and Pattern Recognition, 2019: 5277-5286.

[116] Liang Y, Li X, Jafari N, et al. Video object segmentation with adaptive feature bank and uncertain-region refinement[J]. Advances in Neural Information Processing Systems, 2020, 33: 3430-3441.

[117] Johnander J, Danelljan M, Brissman E, et al. A generative appearance model for end-to-end video object segmentation[C]//Proceedings of the IEEE/CVF Conference on Computer Vision and Pattern Recognition, 2019: 8953-8962.